梅山食光解乡愁

巴陵 著

U0310282

世界图书出版公司

北京·广州·上海·西安

图书在版编目（CIP）数据

梅山食光解乡愁 / 巴陵著． — 北京 ：世界图书出版有限公司北京分公司，2017.12
ISBN 978-7-5192-3980-0

Ⅰ．①梅… Ⅱ．①巴… Ⅲ．①饮食－文化－娄底 Ⅳ．① TS971.226.43

中国版本图书馆 CIP 数据核字 (2017) 第 284084 号

书　　名 梅山食光解乡愁
MEISHAN SHIGUANG JIE XIANGCHOU
著　　者 巴　陵
策划编辑 马红治
责任编辑 马红治　侯　静
排　　版 创视线文化－姚汩醽
封面设计 创视线文化－腰眼儿

出版发行 世界图书出版有限公司北京分公司
地　　址 北京市东城区朝内大街 137 号
邮　　编 100010
电　　话 010-64038355（发行）　64037380（客服）　64033507（总编室）
网　　址 http://www.wpcbj.com.cn
邮　　箱 wpcbjst@vip.163.com
销　　售 新华书店
印　　刷 北京中科印刷有限公司
开　　本 787 mm × 1092 mm　1/16
印　　张 17
字　　数 372 千字
版　　次 2018 年 4 月第 1 版
印　　次 2018 年 4 月第 1 次印刷
定　　价 88.00 元

作者的话

这是最乡土、最传统、最地道、最母亲的美食和味道。

　　本书奉着"各地百姓的贡献，普天下人的口福"的宗旨，记录了儿时的珍肴美味。此珍肴并非用珍稀动物做成的菜肴，而是世间很少流行、很难吃到的妈妈做的美食，是我个人的最美食光。这些美食集中在我的家乡梅山腹地的新化圳上镇。

　　圳上镇地处湖南省娄底市西端，国家级森林公园大熊山东南脚下，与安化县洞市、乐安两地毗邻，面积264平方公里。全镇设71个村，667个村民小组，总人口6万余人，系蚩尤故里，曾是蚩尤活动的核心区域。黄埔军校教育长代校长方鼎英、华夏名将陈正湘、国际共产主义战士罗盛教生长于斯。这里，民风淳朴，人民善良，朴实勤劳，尚德崇勇。

　　圳上镇也是古代中原南流饮食的汇集地和南蛮饮食的最后缩影，直到现在还保留得非常完整，未受到外界的侵扰。我虽身居城市二十载，却忘不了这些菜肴和时光，每当怀念家乡，我就会想起这些美食与母亲，全书共78篇，近40余万字，反映了新化的民俗风情、人文地理，还饱含人情世故、处世哲学。我不只在《梅山食光解乡愁》里谈品味和口福，还把它的风俗民情、取材、制作、烹饪、味道都呈现给了读者，表达最乡土、最传统、最地道、最母亲的美食和味道。

巴陵

序

守望乡味

王稼句

巴陵先生《梅山食光解乡愁》即将付梓，嘱我写篇小序，竟然又给拖宕了，本来答应年前交稿，想不到枝上的梅花，已快要在潇潇雨声里凋落了，再往后延迟，实在有点不好意思。这样的事，似乎经常在发生，主客都很为难，他既不好穷追不舍地催促，我也很难说出敷衍的话来，确乎有点尴尬。其实，巴陵是不必在乎这篇小序的，即使书已印出来了，拙作成了无书的序，也不要紧，还可以给这本书鼓吹鼓吹。

前些时候，我去上海，在博雅讲坛谈饮食，提到晚近以来的"美食家"。关于这个头衔，需要作点注释。无论市楼庖人，村店伙夫，还是家中厨娘灶婢，虽然会烧会吃，口知味知，一般不会被称为"美食家"，像李笠翁、袁简斋，何曾下得厨房，却被追授了这顶桂冠，因为他们除会吃懂吃外，写出了《闲情偶寄》《随园食单》。更有甚者，像陆文夫先生，既不善烹调，更不讲究品味，只是写了小说《美食家》，借着吃的事，分析了人与社会的关系，其中当然有好些关于吃的经验和想象，就堂而皇之成为"美食家"了，虽然这并不是小说的初衷，但"美食家"这个词的风行，却是从他开始的。依我看来，所谓"美食家"应该称为"美食写家"才是。

文人好事，其中就有饮食一项。久远的事，毋庸多说，及至民国年间，谈吃的文章，不知多少，即使是偶然落笔的，闲闲写来，也会让读者欣喜、向慕、缅想、喟叹，虽都是回忆的瞬间，纸上的美味，却让人感觉到生活的真实存在。众所周知，曾几何时，吃也有限，更忌讳谈吃，不管是青菜、萝卜、红烧肉，还是野菜、树皮、观音土，虽都是吃的题目，但哪有人会去做它的起承转合呢。"饮食男女，人之大欲存焉；死亡贫苦，人之大恶存焉"，此固然矣，至少对我来说，那是一段灰暗、清冷的记忆。近三十年多来，社会嬗变，饮食生活与时俱进，灯红酒绿，肥吃海喝，以至于佳馔满前，食不知味者多矣。与酒楼饭庄同一系统的茶馆茶楼，也举目皆是，还弄出种种名堂来，拿捧花生《画舫馀谭》中的话来说，"岂肥肠满脑者，餍饫既深，亦思乞灵于七椀耶"？这样的繁荣景象，历史上大概未曾有过。"美食家"则更得天时地利人和，不管吃多的吃少的，知味的不知味的，都在大显身手。人间万象，哪能少了吃喝呢，"美食家"多多，自然是好事。

在我看来，"美食家"大都各有胜业，写点吃喝文字，只是生活琐碎的记录，或是借题发挥，说些自己的想法。我读过的这类文章并不多，像周作人、梁实秋、叶灵凤、车辐、唐鲁孙、王世襄、汪曾祺、邓云乡、赵珩等先生，都是知味老饕，或更是有厨下经验，有满腹掌故，当然下笔确是了得，各擅佳妙之胜，就让我既得以欣赏，又得以解馋。也有几位先生，就有点"专业"了，真正是以"美食家"头衔来影响读者，如果说，蔡澜是"旅食派"，沈宏非是"新感觉派"，那么巴陵则属于"乡土派"。蔡、沈两位沉究既久，受众广泛，故都兼着"广告派"。惟巴陵有点例外，著述既多，笔致亦好，所取题材，也称得上"僻壤绝域，莫不广被"，写过《尝遍大中国》《一本书吃遍中国》《食全酒美》《觅食——从南向北，边走边尝》《一箪食，一瓢饮，四方味好》《遍地炊烟》《妈妈的味道》《最好的食光》等，但我乃将他归入"乡土派"，那是由于他那深入骨子里去的乡情，无时不在透露出来，正如戴复古《秋夜旅中》所云："旅食思乡味，砧声起客愁。"这就与蔡、沈两位不同了，巴陵既少海洋性饮食文化的熏陶，内陆封闭的饮食风尚，往往只是更其深入，很难影响广土众民，如果再拳拳桑梓，又如何能赶上这个潮头。

我欣赏巴陵的，恰恰就是他那守望着的乡情。乡情是与生俱来的，饮食则是乡情最直接的联系，这个道理大概不必多说。如果长期生活在家乡，口味固然久沿成习；离乡背井，梦中也会再尝家乡的美味；年岁大了，更会忆念童年的吃食。就以知堂老人来说，他谈莲藕、谈荸荠、谈野菜、谈腌菜、谈炙糕，无不是故乡的味道，更多是童年的记忆。如《儿童杂事诗》咏夏日食物曰："早市离家二里遥，携篮赶上大云桥。今朝不吃麻花粥，荷叶包来茯苓糕。""夕阳在树时加酉，泼水庭前作晚凉。板桌移来先吃饭，中间虾壳笋头汤。"巴陵年纪还轻，自然不会写得这样冲淡深粹，但故乡情结，总归是差不多的。

巴陵是湖南新化人，十九岁以前，一直生活在大梅山腹地的圳上镇上，这本《梅山食光解乡愁》就是一本记忆家乡饮食的散篇结集。他在前言里介绍了那里的人文地理，因为这是饮食文化形成的重要背景。他认为当地的饮食，受中原流民影响，乃是中原饮食与土著饮食结合而形成的，包括食材、烹饪、风味、习俗诸多方面。由于山水阻隔，时至今日，那里仍是具有独特饮食风尚的"孤岛"。他将全书分成"梅山名肴""食在菁华""怀旧之美"、"茶酒合欢"四辑，共有七十八题，内容已作了明白的提示。相信读者可以通过他的写，更多地了解大梅山深处的风土人情、服食居处，还有社会变迁，以及人的生存状态。

我是喜欢读巴陵文章的，当然不在吃食的滋味如何，更不在它们的烹饪手段。钟叔河先生在《知堂谈吃·编者序言》中说："鄙人非美食家，从不看《名菜大全》《××食谱》，却喜读会写文章的人偶尔谈吃的文章，盖愚意亦只在从杯匕之间窥见一点前辈文人的风度和气质，而糟鱼与茵陈酒的味道实在还在其次。"于巴陵来说，取法乎上，总是应该的，再说这一本亦绝非纯粹是吃的渊薮，我不想枚举书中记述的一道道佳味，还是让有兴趣的读者自己去领略吧。

自序

味道在最美的食光里觉醒

山抹微云，新化紫鹊界梯田迷人、深邃。那山、那水，孕育着梅山独有的美食；最乡土、最传统、最地道、最母亲的美食和味道。

那百年的古街、那悠久的老店，那里形成了特色的人文地理；

那纯朴的居民，那里的风俗民情，还饱含人情世故、处世哲学。

我们谈到吃或者味道的时候，往往众说纷纭；国际通用说法是妈妈的味道、外婆的味道、奶奶的味道，那甜美的记忆在脑海里萌发，记忆深刻，我却把这个时段命名为最美的食光。

我们生活在城市，真正的美味极其匮乏，多少味道都在记忆里发现和寻觅，多少味道都留下外婆、奶奶、妈妈劳作的影子和她们辛勤的手艺，带上亲情的烙印。她们用艰苦的劳动制造了我们可口的美食，满足我们儿时的喜好，填饱了我们儿时的胃，并留下最美的食光。我们也渐渐长大，离开家乡，漂泊在异地他乡谋食为生，那家的味道和家乡的味道深深地刻在我们的记忆里，尘封了这段最美的食光。

我在十九岁以前生活在大梅山腹地的一个古镇——新化县圳上镇，那里古代只有一条驿道经过，我们方氏家族在唐代就已经迁居于此，后来因茶叶的发展以及黑茶业的昌盛，逐渐发展成为湖南的茶叶重镇。它的饮食在茶叶业的繁荣昌盛中形成自己的特色，并且保留了古代遗风，也是先秦中原饮食南流的最后一站。他们在这里定居下来，繁衍生息。

大梅山居民叫莫瑶，老瑶民一直不服王法，大梅山也是无人统治的王化之外地，直到宋神宗采用怀柔政策，大梅山才接受皇权的领导，成为中土政权领导的一部分。大梅山数千年的历史，除了地道的土著人之外，都是来自中原的流民。中原流民多为得罪权贵或交不起赋税的人，遭到权贵的追杀和朝廷的流放，不得不到梅山避难，在险恶中讨生活。中原流民带来了中原的饮食习惯和中原文化，传播到大梅山，教化山民。

大梅山原有的南方野蛮饮食习惯，在梅山这片广阔的天地上根深蒂固，任何人也无法改变，在遭受到中原饮食文化和海岛饮食文化的侵蚀后，也没有改变，还在坚持自己的道路，并吞并了中原饮食文化和海岛饮食文化，成为其一部分。

晚清的西学东渐、民国的军阀混战、解放后的改革开放波及全国各地，唯独没有波及这个古老的小镇——圳上。它地处梅山腹地，远离资江，山隘阻隔，形成陆地中的孤岛，直到21世纪的今天，还保留了传统古老的南蛮饮食习惯，一直没有被改变，更没有被现代新派菜系和西洋饮食习惯所渗入，还是古老中原饮食和南蛮饮食的遗留地。

我在这个小镇上生活了十九年，受这种饮食习惯的浸染，可以说是深入骨子，即使我十九岁之后南下广东和后来在长沙求学定居十余年，或者我漫游华夏大地，到过西北、西南、华北、华东等地二十余省（市、区），深入我骨髓的饮食习惯和味道感觉都没有改变。

在大梅山这片土地上，从你出生的第一天开始，父母就要练习你对食物味道的感觉，在喂你食物的同时，父母或者祖父母、外祖父母都会告诉你现在吃的食物的味道如何如何，酸甜苦辣咸、软硬脆焦爽、肥油甘瘦柴等，这种从幼小开始的饮食培育和训练，不亚于英国对绅士的训练。从大梅山走出来的人们，他们从小就开始的品味与尝试，给他们以后的人生道路上提供了先天的品味条件，一个个都成了吃货和食客。

我从小就秉承了大梅山人们的天赋，善于吃喝和尝试，成为家里公认的吃货。长大以后，带着自己的嘴巴，一路吃来，从没停歇。这种三十多年的游历与行走，足够有"走万里路，吃万道菜"的气概。

从2003年开始，我把到全国各地吃到的部分美食写成美食随笔，提供给各大报刊编辑发表，受到他们的欢迎，在数十家报刊开设旅游美食专栏，受到读者和业界的好评和喜爱。近七八年，我把这些美食散文进行整理和编辑，出版了《一本书吃遍中国》《尝遍大中国》《尝遍大中国（二）》《食全酒美》《觅食——从南向北，边走边尝》《遍地炊烟》《妈妈的味道》《美食藏民间》《一箪食，一瓢饮，四方味好》《最好的食光》等十余部美食随笔集。蓦然回首，我却发觉这些美食随笔都是一路的品味和尝试，虽然有些稿件涉及味道的记忆，却没有足够深入挖掘，离饮食文化本身还有一段距离。

从2013年开始，我着手深入挖掘和撰写圳上镇的乡土美食随笔，并出版了《妈妈的味道》，我这一举措并不是为圳上镇的饮食书碑立传，而是为了保留这些传统的南蛮美食习惯和风俗。我现在趁还有些记忆把它们记录下来，好留给以后的研究者考察。

我熟悉的圳上镇的饮食有四五百道之多，还有很多菜肴我没有记忆了，也许母亲在家里没有做过或者我没有吃过。我只好把我现在非常熟悉，记忆深刻，又由母亲制作的菜肴全部记录下来。经过一年多的努力，我已经写完了两部书稿，分别取名《妈妈的味道》《梅山食光解乡愁》。书稿的每篇文章都涉及风俗民情、人文掌故、烹饪方法、味道味觉等。

我把这些熟悉的菜肴进行了整理，已经记录在案的有两百多道菜肴。我准备继续写下去，直到把我的记录资料写完。我的这份劳作，算是对母亲的回报，更是给梅山以及天下母亲的安慰，也是给梅山以及天下外婆、奶奶的祭奠，感谢她们的奉献和辛劳。

大梅山农村女人的生活中，厨房占据了她们一生的重要部分。女人从出生开始，父母就把她们定位为操持家务者，从小就训练她们做女人必须知道的工作，这些基础性训练，少不了厨房的事情，包括炒菜和操持家务等。很多女孩在十几岁就做得了一手好饭菜，成为家庭的主厨。她们掌握家庭的厨房，很多时候还要受爷爷奶奶、父母和姐弟们的左右和点评，考虑他们的喜好和习惯，也要受食材的限制。

梅山女人结婚之后，不仅是主厨，还掌握了厨房的行政大权。家里的食材也受她的节制和使用，成为一位名副其实的主厨。她把在娘家学会的那套厨艺充分展现出来。女人结婚之后，毕竟不是一个人过日子，而是与自己的男人一起过日子，在饮食上要充分考虑男人的习惯，必要时还要向婆婆、公公请教几招，把婆婆、公公的拿手好菜学到手，这样的家庭，集中了两个家庭的好菜，也就是三个女人（母亲、婆婆、媳妇）的拿手菜汇聚于一身，这种妈妈的菜肴是三个女人的菜肴和手艺的集中表现。

新婚夫妇生下孩子，他们的小孩吃着母亲的菜肴，其实是吃到奶奶、外婆和母亲的菜肴，虽然有不少菜肴的改良和深加工，好的味道还是会继续，新的方法也会诞生。小孩无论是去外婆家还是奶奶家生活，都不会觉得外婆和奶奶的菜肴不好吃，这就是其中的原因之一，也让孩子度过一个最美的食光。

现在的家庭，很多女人已经不会做菜了。但是，每个家庭都有一个会做的人，无论是男人还是女人，他们的菜肴都是一家人的主要家庭食谱。所以，这种综合性食谱和选择性遗传，都是一个又一个家庭的传承。其实，每个地方、每个家庭都有自己的食谱和菜单，它们在秘密地流传，在选择性传承和改良，成就了妈妈的味道。这种妈妈的味道，成了世界的美味和人类共同的记忆，及最美的食光。

目录

第一辑 梅山名肴

梅山雷打鸭

缘起蚩尤时代

夹黄色米糊粑粑上桌，

嫩鸭香飘溢。

湖南菜被称为美食湘军，是因为湖南的饮食特色。在美食湘军里，还有一支精锐，那就是新化美食。

新化地小，美食却不可轻视。虽属梅山蛮地，偏远闭塞，古梅山韵味的美食却吸引远方来客。我走南闯北，穿省过市，吃了很多地方，却惦记着新化的美食。

我生于新化，却长在一片方圆不足30平方公里的土地上，那是新化的边缘偏地，没有多少新化特色，却沾染了一些外县气息。在新化生活十八年，谈不上吃过几样特色新化菜。真正理解新化的梅山菜，是我离开新化，从一些好吃的老乡之口所获。

新化人喜欢吃麻辣，而麻辣不像四川菜，花椒特别多。梅山麻辣在于辣，辣得食客心窝子痛，口腔长泡，一滴滴的辣椒红油，可以让人感觉温暖，冒汗。吃米粉，新化人也要用泡麻辣豆腐的辣椒水做汤，吃起来又香又辣又鲜，真是过瘾。到饭店吃饭，就是吃非常清淡的菜，也是辣味十足，如果说你吃辣椒的，那么青辣椒、红辣椒、白辣椒一起上。

新化，乃蚩尤故里，流传着很多有关蚩尤的传说和故事。这些故事里，有着许多稀奇古怪的菜名和菜式，随着故事的流传，菜的吸引力也越来越强。我没有做过系统的调查，却知道几十种与蚩尤有关的菜，最有名的也是最有特色的菜是雷打鸭。现在在新化只有一家叫蚩尤生活馆的店还在做，做得比较精致。

新化人喜欢吃两样东西：辣椒和米粉肉。这与他们的生活有关，新化一个小小的县，不仅有资江，还有一十八条江河，人们常年生活在溪水边，被寒冷逼迫。新化也是个山区，山峰密集，种做都得翻山越岭，消耗的体力多。辣椒可以生暖，也很下饭，加上山里人的闷性和坚韧，辣椒是最好的调剂物。辣椒代表他们的个性，与暴躁的性格和好斗连在一起。新化人习武练拳，有着结实的肌肉，一句话不合就拳脚相加，拿身体和力量征服别人。

米粉肉是新化人家里的坛中之宝，四季常有。米粉肉可以补充新化劳动人们的体力和精神。在这个穷山沟里，一斤一两都得靠体力拉动，一天不食肉是不行的，而天天吃肉又太油腻，容易吃坏胃口，流出的油腻的汗液也会浆坏衣服。米粉肉藏在坛子里便于保存，吃时蒸熟即可，方便容易。

雷打鸭结合了辣椒与米粉肉的优点，做出了它的特色和味道。雷打鸭按准确的说法，应该是米粉鸭。米粉鸭非现做，做时需精加工。

炒熟的米磨成粉，把鸭肉砍碎成细末，拌均匀，在坛子里腌一段时间，让其成味、成色。食客吃时，先炒熟，后加水，和成灰黄色米粉糊糊，煎去水分，颜色也亮丽，看上非常有食欲。

灰黄色米糊粑粑上桌，嫩鸭香飘溢。夹起来吃，才感觉到米粉糊带着一点微酸，又有糯性和软韧。糊糊里有辣椒，是砍碎的白辣椒，还浮了炒时下的红辣椒末。嚼时感觉不到肉泥，只是满口肉香及一些细小的鸭肉骨头，用牙齿慢慢地琢磨，可以很好地玩味。裹着鸭肉的米粉香与微酸调和了鸭肉骚味，更加体现了肉的细嫩和裹着的油韵味，也饱和了米粉的干燥和滑爽，增加了吃的口味和软韧。

我不理解雷打鸭之名，猜想它与雷公有关。

朋友却告诉我，雷打鸭是被雷公打碎时的形状，缘由要从蚩尤时代说起。蚩尤从中原退守梅山，在梅山的河网与森林里作战，阴雨绵绵、雷电交加。一次失败后，遇上大雨，雷电击中河边的野鸭，鸭毛烧光，肉打得粉碎，吃时味道甜美。蚩尤的部下按此方法做出了雷打鸭，山野村户一直保留了这种做法。

新化三合汤

原名『霸王汤』

正宗新化三合汤，咸酸辣的香味交织，回味悠长。

古梅山有很多特殊饮食及饮食习惯，一直影响着山民的生活。在菜里，梅山新化以一碗三合汤闻名湖湘。三合汤是道简单的菜，只有原料要求复杂点，并且历史文化比较深厚。

新化，只是一个三四平方公里的县城，中间夹着资江。小小的县城里，饭店、宾馆林立，特色餐馆插满街巷，菜式多样，品类齐全，地方味浓烈。三合汤，这是茹毛饮血的进化产品，是一道人人皆吃，人人喜欢的美食。

新化地处雪峰山尾端，江南丘陵起点，河网交错、山林密布，属于喀斯特地形，构造了山与水融合的特殊山区地貌。流经新化的资水和蔓延的小河溪流，给水牛生存提供了条件。傍晚时分，河滩上大腹便便的水牛悠闲地漫步，书写黄昏牧歌的童话。黄牛在山腰陡峭的坡地上行走，翻山越岭寻找山阳山阴的嫩草。山峰中洞穴众多，小股溪流汩汩不绝。岩石里流出的溪水细甜甘润，泡茶甘甜回味，做豆腐细嫩肥美，也是三合汤的原水。

生活在梅山的农民，唯一能够给他们解决劳作辛苦的是耕牛。牛是他们忠实的伙伴，也是家庭最宝贵的财富。在新化，牛被农民崇拜，也被农民疼爱，当作宝贝般珍藏。梅山人茹毛饮血，又爱吃牛肉牛血，牛肉成了最珍贵的待客佳肴。杀牛是件非常隆重的事情，家人会不舍，同情牛的遭遇，屠夫把牛赶到河滩上，主人远远躲着。牛是有情的动物，当屠夫举起刀时，牛跪下前脚，两眼流泪，乞求放它一条生路。

正宗新化三合汤，咸酸辣的香味交织，回味悠长。原料要求严格，黄牛的血和百叶、水牛肉、资江畔井水，缺一不可。在新化境外，冷水江、涟源、隆回、新邵等地，即大新化，也做三合汤，名号还是新化三合汤，却把牛血、牛百叶、牛肉统一成水牛或黄牛，水不讲究，味道相差甚远。三合汤的牛血要新鲜的，制作上也有些讲究，杀牛时用清水调盐接血，血凝固后划成块，开水煮熟，冷水浸泡，做汤时冷水洗净切成两指宽、寸余长、三毫米厚，吃起来生脆柔软有弹性。新化黄牛血，久煮不烂不碎，筷子夹上去可以上下摇晃不断，极富弹性，咬在嘴里，又软又脆又爽口。牛百叶用毛肚，即黑百叶，新化人有吃黑不吃白的习惯，切成一厘米宽或者更细的长条，煮后清脆微甜，脆响连连，在辣霍霍的情况下吃，越咬越来味，越吃越甘甜，甜美与甘汁一起漫出，浸入口腔，满口生津。水牛肉非常嫩，牛肉按纹理横切，切成薄片或细条，小块牛肉嚼在嘴里，绵软又有柔韧性。辣椒汁泡进疏松牛肉里，味道异常鲜美甜润。三合汤里还需加点酸菜（新化剁椒）或新化米醋，调出微酸，开胃提味。

新化三合汤还有两样调料要求特殊，是干红辣椒和山胡椒油。吃辣椒是新化人的本色，人人都是好手，有不辣不欢之说，尖小的干红辣椒辣味甚巨，煮出的汤汁红艳艳一片。山胡椒油味道奇异，在三合汤里加山胡椒油，主要祛腥味、膻味，塑造三合汤的特殊味道，还有除寒祛湿、通经活络的功效。

吃三合汤，首先要适应巨辣和山胡椒油两种味。三合汤与其他汤有着完全不同的吃法，一般的汤在饭前喝，为了营养；三合汤在饭中或饭后喝，是为了身体和味道。三合汤里的辣椒非常辣，如果饭前喝，没有东西垫胃，要辣得肚子痛。只有在吃了米饭后，用饭下汤才能减少辣味，增加食欲，才能更好地品味出三合汤的味道。另外，第一次吃山胡椒油的食客，要先习惯山胡椒油的特殊气味，再慢慢适应喝三合汤。喝三合汤，并不是喝汤汁养生，而是吃汤里的牛血、牛百叶、牛肉，品味牛肉在酸味冲击下不同的味道。地道的新化人，在吃饱喝足后，往往再来一碗饭，把三合汤淋在米饭上，簌簌地拌进口，吃完大呼痛快。这样，食客才稍微感受汤味的纯美。有人比喻：三合汤小抿一口，犹如陈酿，回味悠长；大口下肚，面如关公，热流直冲脑门，全身热血沸腾。

三合汤据史书记载，南宋景炎二年(1277)三月，新化人张虎起兵抗元，元朝重兵镇压，张虎兵败被俘。元人怕梅山骑兵东山再起，大肆杀马杀牛，桥头屠担横陈，尘垢牛粪满地，屠牛村夫汗流浃背。

晚清，曾国藩的湘军中患风湿病的士兵较多，士气低落。曾国藩重金聘请名厨调制三合汤，祛除士兵疾病，并赐名"霸王汤"。从此，"三合汤"广泛流传。

新化三合汤，分为一合汤、两合汤、三合汤，一合汤、两合汤又分两色，有清淡的和辣味的，辣味的又有微辣和巨辣。吃三合汤，首先要按着自己的口味来，考虑到自己能吃辣的程度，选择适合自己吃的种类，更能吃出风味。

三合汤自1993年进入长沙，现在已经成为各大宾馆酒店的名菜，备受食客的欢迎。

作为一个旅行者或者美食爱好者，到湖南旅游，想品味地道的三合汤，还是去新化或者新化的横岩，尝遍三合汤的种类，就可以知道三合汤的神奇和它在湘菜中的魅力。

新化过年腊肉

逗想过年的味道

新化乡下，农民做腊肉是件非常重大的事。

按农民的说法：过年的猪自家养，吃不完的都做腊肉。农民把肉全部挂在火坑上熏着，留到以后艰难的日子食用，补充体力的消耗。

新化乡下，农民做腊肉是件非常重大的事。

腊肉成了城市居民的生活必需品，但那过年的气氛，只有农村才有。

腊肉，是农民过年的一件大事。农民唯一拿得出手的也是腊肉，除了吃还可以当礼物送人。新化乡下，农民平时做腊肉比过年稍微小点。每到腊月，过年的气氛一日紧过一日，农民除了忙着准备年货外，盘算着哪天宰猪，哪天做腊肉，把日子安排得井井有条。杀猪做腊肉，首先要翻老皇历，择个良辰吉日，召集一家子女，邀上祖辈父辈，一家人聚在一起吃餐饭。乡下把这种事叫做喝猪血汤，受邀的亲戚都会欢天喜地，按时到场，作为祖辈父辈还会在儿女家住上几天，享受冬日的天伦之乐。

离开家乡十余年，过年的气氛越来越淡薄，我吃着父母捎来的腊肉，很难感受到那种喝猪血汤的味道，心中常常怀念。今年腊月，我受朋友之邀到高桥茶叶市场对面的新化人家吃过年腊肉，来的都是邻村朋友，没吃之前就说开了乡下腊月的杀猪做腊肉。吃着家乡来的腊肉，大家的心又飞回了家乡，脑海里浮现出许多的图片。

杀猪是件烦琐事，琐碎的事情要忙两三天。杀猪之前要准备糯米、水豆腐，准备做猪血丸子，磨好米粉做萝卜丝米粉肉，还要准备要用的盆、锅、桶、器皿、刀具。

家乡杀年猪，柴火里有两样不能少：一是火筒，一是枫树柴。火筒是农村家庭每户火坑必备之物，长约一米，用毛竹做成，一截留节，用钉子钻个小孔，其他竹节用铁杆打通。柴火燃得不旺、火力不大，可借火筒吹风，吹发火力。杀年猪烧开水烫猪毛，要劈一个旧火筒作引火之物，再做一个新火筒抬杠。干竹片容易燃烧，点火后很快烧着，几块竹片可以烧着熊熊大火，往上加些干柴，火势很快上来，灶膛里的柴火马上引着，大锅水也容易烧开。农民把烧火筒叫做吹猪，希望猪的长势像吹火一样旺。

新化山区，漫山遍野长满了枫树。每到腊月，枫树叶子通红，农民看到枫叶，爬上山坡，砍上一捆枫树，放在干燥处，等待杀年猪用。刀柄粗的枫树，连个弯也没有，一截一截地被塞进灶膛，噼里啪啦地冒着火星，散发着一股特有的香味，酷似年猪开边时的香味。

杀猪时用泡好的糯米接点热血，其他血加盐煮熟。大家忙着用开水烫猪毛，清理完猪毛后开边，取出内脏，架上门板，上酒和熟猪血。主人祭祀，祈求来年猪不生病，长到三百斤。

　　接着是砍年肉，屠户在带尾巴的一边上按主人的意思砍一方十几斤的肉，做大年三十晚祭祀祖宗及正月待客之用，再在后腿上切一块肉，做中餐之用。其他按主人的用途和要求砍，剩下的全部砍成五六斤一块的，准备做腊肉。

　　很快，中餐就开始了。大家按辈分坐下，吃顿快乐的午餐，说些恭维话和牛皮话，满足一下虚荣。中午饭菜丰盛，有猪血、猪肉、猪肝、脆骨及其他菜，大家尽情地吃饱吃好。酒足饭饱后，屠户给每块肉穿孔，要送人的肉扎上棕叶，方便提挂。亲戚急匆匆带块肉回家，去赶晚饭。屠户带上刀具和主人送的肉，一路歌声，一路酒气，消失在雪影里。

冬笋炒腊牛肉

感念思乡之情

吃了顿冬笋炒腊牛肉，我的思乡之情也被冲淡，好像得到了某些满足。

吃过几块腊牛肉，感觉到了干红辣椒的味道，辣味越来越浓，得不停地喝水下饭，舌头还是辣得嗷嗷叫，又得以饭掩盖。

进入2008年，我缩在家里读书码字，很少出门拼吃拼喝。

一场没有预约的冰雪包围了长沙城，在那漫长而又寒冷的日子里，我凭借窗口眺望漫天飞舞的雪瓣，欣赏多年不见的雪景。脑海的记忆却回到了童年的湘中村落，那些有山有水有竹林的地方。我很想回家，去吃家乡的冬笋炒腊牛肉。

在长沙，我组建的美食别动队也好久没有出动，消失在雪海中。我实在憋得慌，想到外面找点好吃的来满足。正准备寻找手机邀集朋友，美食集中营的龚长来电，告诉我在美食堕落街三重门有道新菜，想集中几个朋友中午去品尝，看我是否有人马。

我马上电话通知四五个人，自己把棉衣、帽子穿戴停当，匆匆下楼打的直奔堕落街。走进三重门，龚长几人迎了出来，很夸张地握着手说：2008，我们赏雪吃笋，你看美时美景美食，该有文思了吧。

我们坐上八仙桌，脚底烤着乡下运来的栗木炭火，面对窗外，前面屋檐挂着尺长的冰凌，明晃晃地倒立着；稍远处桃子湖的冰面，蒙上了一层薄膜，把我带回了童年的冰天雪地和在雪里挖冬笋的时光。龚长告诉我，今天品尝湘中名菜——冬笋炒腊牛肉。我非常惊讶，这道菜是我期盼了很久的，在城市待了多年，很难吃到真正的冬笋，也无法吃到乡下柴火熏烤的腊牛肉，何况两菜加干红辣椒爆炒，是湘中地带春节的稀有佳肴。知道有如此美食，我心中有些激动。

在湘中的新化山区，大年三十，忙碌一年的一家之主放弃手头工作，寻找自己喜欢的东西准备大年饭。挖冬笋是多数家庭之主大年三十最爱干的活。冰冻了一冬的家人，很少吃到新鲜菜，一家之主就趁这个时候表现一下，吃过早饭，宰杀阉鸡，扛着锄头进山挖笋。一山山翠竹，被冰雪压弯，耷拉着头。山中安静无声，偶尔一声噼啪，是竹子反抗时粉身碎骨之声。找到苍翠竹叶，看清竹尾所指方向，马鞭与竹尾在一根直线上，顺着这个方向，很快找到马鞭，一直沿着马鞭挖就可以挖到笋。金黄的马鞭，非常鲜活，金黄的竹笋也在其后，这是大山里人都知道的秘密。三两个小时，男人就挖到了五六棵冬笋，足够一家人在大年夜和新年第一天吃的，也就心满意足地回家，早点准备团圆年饭。

我好几年没吃过家乡冬笋，也有好几年没吃过家乡腊牛肉，今天有正宗的湘中冬笋炒腊牛肉，我更要到厨房看看，验收真假。湘中竹笋，种类繁多，城市居民吃的多为春天所生，味道相差甚远。冬笋乃笋中之王，美食至味，非常稀少。干旱年份，产量更低，乡下人都当山珍，只给至亲密友吃。

我们几个在龚长的带领下来到厨房，竹笋只有玉米棒大小，三四寸长，外皮包得非常紧簇，长得光滑又金灿灿；腊牛肉是薄薄的条块，挂在横梁上，乌黑中带着暗红色，沉甸甸的有些分量。我一看，就知道这是正宗的冬笋和腊牛肉，冬笋还非常新鲜，壳上的黄泥巴都湿漉漉的。

腊牛肉并非一般牛肉腊干即可，牛在杀之前一年必须阉割，阉割的办法要使用最古老的麻绳绞胯裆。阉牛经过一年的养膘，精肉多，肉质好，体格健壮，宰杀后韧带少。入冬后，选一晴好天气宰杀，切后腿肉成两厘米厚的薄片，带条状，泡盐水两天，晾干后加柴火熏烤，使其成色成香，无异味。

回到餐桌旁，外面还下着雪，室内却温暖如春。冬笋炒腊牛肉端上来后，不用加火炉保温。冬笋就如薄薄的纸片，边上有些锯齿，黄澄澄的还带点红辣椒的汤色；腊牛肉片稍厚，两厘米见方，盘中最多的是干红辣椒，一截一截地夹杂其中，错落有致，五色杂呈。我夹起一片冬笋，咬下去非常嫩也非常脆，留下清脆的咔嚓咔嚓声。细嚼慢咽，冬笋特有的鲜香飘然而出，可以清神醒脑。再慢慢体味，冬笋片中尽是甜味，又带着辣性。下口饭，饭粒中的甜味已淡，更多的是清香可口。

腊牛肉炒出来非常红艳，肉质紧凑，咬下去有很强的韧性，带着牛肉的浓香，无烟熏火烤之气。牛肉一般比较咸，你只有慢慢嚼，嚼出盐水，才感觉到肉丝一线线地塌陷，像短短的钉子打在舌头上，非常有质感。再细细品味，肉的咸味和韧性交织在一起，越是放慢了咽食，越想加点饭一起细嚼和品味。

这些，与我记忆里的冬笋炒腊牛肉应该相符，也是长沙最正宗的吧。

吃了顿冬笋炒腊牛肉，我的思乡之情也被冲淡，好像得到了某些满足。

新化酒蒜花

感念思乡之情

水酒好，做酒蒜花的原料才好。水酒讲究酒水透明度，越透明越好。

14

酒蒜花甜、酸、辣、咸多种味道综合，每种味道都不明显、突出，吃在嘴里，酒糟入口即化，水汁甚多，非常解油腻，也非常下饭。

新化有种美食，平常时节很少见，过年才把它端上餐桌——酒蒜花。

新化糯米优质，蒸出的水酒也非常有名，酒蒜花是其副产品。

新化峰陡溪险，交通不便，饮食保留了原始古朴的风格。其中饮酒习俗繁多，节日或喜庆的日子，人们喜欢劝酒、敬酒。新化属古梅山，苗瑶与汉族杂居，喜辣好酸，食杂味浓，有十荤十素十饮，水酒是其主要饮品之一。

酒蒜花是种调味品，也是一道名菜，现在渐渐在农村消失，以可乐或雪碧代替了它的功能。

我喜欢吃酒蒜花，更喜欢它的甜腻回味。每年回家过春节，父母都知道我喜欢吃酒蒜花，必给我做一碗备着。春节，家家户户是大鱼大肉，到亲戚家拜年，长辈都喜欢给我夹菜，按规矩是不能退回菜碗里的，只好硬着头皮吃。还有，比我稍大点的兄长或表姐，知道我以前爱吃肥肉，就会给我敬肥肉。吃完一顿饭，我已经油腻不堪，胃里翻江倒海，心中腻性无比，身体极不舒服。只要有酒蒜花，我吃上两口，嘴里马上回过味来，油腻就淡下去了。

新化水酒多用酒药子酿造，酒由甜酒即酒酿转化成水酒。新化生产优质糯米，先把糯谷碾皮，去谷芽，筛除碎米，浸泡一夜沥干水分，用木蒸笼把糯米蒸熟蒸透，播散冷却。酒药子研磨成粉，加温水调匀，散于糯米饭上。把糯米饭放入陶罐中，用毛巾或者土布盖好。

蒸酒的时间一般是秋春两季，温度适宜。夏天气温太高，酒容易变酸；冬天气温太低，酒药很难发酵，要用稻草或棉絮包裹，保持温度才行，酒糟也容易变成红色。酒按时节分重阳酒、过年酒、桃花酒等，按需求分三朝酒、结婚酒、寿酒等。水酒不上火，加黄糖可以给坐月子的妇女喝，能驱寒活血。

糯米饭加酒药入陶罐十天，酒酿已成。开始时甜腻、稠密，具有黏性，进嘴粘唇。这只是酒酿，米粒较硬，酒度很低。慢慢的酒酿变苦，酒度升高。完全变苦后，原酒已成。加入生水，划开酒糟，搅碎酒糟，浸泡三日，酒水融合，酒糟变软、散开、上浮，水酒始成。

新化产水酒，主要在圳上镇，方鼎英、陈正湘、罗盛教等名人都是喝水酒长大。现在，圳上镇家家户户喝水酒，自家酿造。酿得最多的过年酿四十八坛，陶瓷酒坛摆满一屋子；一般家庭八坛十坛很常见，十八坛算富裕家庭。

水酒好，做酒蒜花的原料才好。水酒讲究酒水的透明度，越透明越好，酒糟颗粒才明显。

做酒蒜花把酒糟从酒坛中捞出，压榨干酒水，只留酒糟。把切好的姜末、大蒜叶、辣椒粉拌匀，淋上烧热的植物油，加白糖、香菜、盐、味精等拌匀，再加肉汤，拌匀，酒蒜花的制作完成。把酒蒜花放温暖的地方贮存三天，酒蒜花开始转味，有少许酸味、甜味，可以吃了。慢慢的越来越酸、越来越甜，形成纯正的甜酸味后就不再变味，一碗可以吃过大年。

新化过春节有个习惯，吃年饭不吃八碗菜，那叫死人饭，如果做菜时计算错了，就用酒蒜花当碗菜，摆在桌上是九碗菜，或者凑双数，做十碗、十二碗。

春节，我每餐吃饭，都要把酒蒜花端上桌子，吃几口大鱼大肉再吃点酒蒜花，连吃三五餐大鱼大肉都不油腻。

宝塔黄鳝

梅山美食代表作

因外观看上去黄鳝一条条卷曲起来像宝塔一样呈螺旋状，所以命名为宝塔黄鳝。

宝塔黄鳝是大梅山新化一道名菜，因外观看上去黄鳝一条条卷曲起来像宝塔一样呈螺旋状，所以命名为宝塔黄鳝。在大梅山深处，山民的饮食习惯有其独特性，吃得原汁原味，吃尽各色物种，吃得茹毛饮血，宝塔黄鳝就是其代表作。

西汉时期，长沙地区的饮食已经有百多种名贵菜品，炖焖煨烧炒熘煎熏腊等烹调方法已经齐全。大梅山的深处，饮食制作还很原始，过着茹毛饮血的日子。直到宋神宗时期，梅山才置新化、安化两县，先进的烹饪方法和中原文化才进入梅山，饮食习惯开始慢慢改变。

梅山地处湖南中部，气候温暖，雨量充沛，自然条件优越，是丘陵、盆地、山林交界处。梅山人饮食注重香鲜、酸辣、软嫩，溪中河鲜和田中水产备受梅山人喜爱，泥鳅、黄鳝、虾米常见于餐桌，所以饮食界称他们为猫食族。而梅山人在实际的生产劳动中，不是每时每刻都可以抓到泥鳅、黄鳝的。春种之后，泥鳅、黄鳝开始越出泥巴，游弋于溪水、水田中，农民在犁田、除草、施肥、打药、收割的过程中，在农田里都会撞上泥鳅、黄鳝。农民不会放过抓泥鳅、黄鳝的机会。只要逮到一条，就在田埂上找根草藤，穿着泥鳅、黄鳝的腮帮，挂在农具上，劳作完带回家，满足孩子们的腥食味。家庭主妇不会为了一条泥鳅、黄鳝去做一锅菜，只把抓来的泥鳅、黄鳝在铁锅上煎熟，用碗盛着，储存起来，等待其他的泥鳅、黄鳝一起做菜。几天的劳作，一般可以搞上十多条甚至数十条泥鳅、黄鳝，就可以做一碗好菜，改善生活。

春夏之交，梅山雨季来临，调水的泥鳅、黄鳝聚集在田坎和踩水，是山民抓泥鳅、黄鳝的好季节。只要你到田坎、踩水去溜达，总有收获。

抓鳝鱼最好的季节有两个。一是春种时候，山野开始化冻，农田在冬浸后灌满了水，鳝鱼感觉到水暖天燥，晚上出来歇凉，农民点着松明或者煤油灯满田坎转，就是在抓黄鳝。一是收割季节，稻谷已经金黄，农民放干农田里的水，等待收割，鳝鱼就在田垄边打洞，躲在里面。等收割完稻谷，小孩找到这些小洞，用一个指头沿着洞穴找下去，鳝鱼从另一头逃出来，很容易就抓住了，成了孩子们的奖赏。这样抓鳝鱼，一天抓的量不少，足够一家人美餐一顿。孩子们就会吵着要母亲做宝塔黄鳝吃，母亲也会高兴地做起这道美食。

做宝塔黄鳝，最好选择中等个儿的黄鳝，大小如小拇指，在盐水里养两三天，黄鳝排泄干净体内杂质，再用清水养一天，鳝鱼的体型变得瘦小起来，游水的性情却很暴躁、迅速。

做宝塔黄鳝前，要把菜锅洗干净，稍微加点清水在锅里，放入鳝鱼，盖好锅盖，再生大火，火越来越大，锅里的水马上沸腾，很快就烧干，鳝鱼开始成了热锅上的蚂蚁，到处乱窜，在锅里打得噼噼啪啪乱响。锅内的温度继续升高，鳝鱼开始翻滚、跳腾，身体扭做一团，形成一个螺旋状，黏液自然去掉。再焖几分钟，鳝鱼就成形，有些宝塔样，可以揭开锅盖，退去明火。

山民抓到的鳝鱼，与城里的不一样，有大有小，没有定数。在制作宝塔黄鳝时，一般要去除内脏。厨师从锅里取出黄鳝，把头、尾去掉，再去除内脏。也有简易的方法，就是把嘴巴张开处撕开，黄鳝就分为两部分，内脏自然裸露，去掉内脏，拧下头，剪了尾，成了美食的精华。梅山的大鳝鱼，有的半斤一条，长约两尺，粗如棍子，那就要去掉骨头，把鳝鱼肉撕成多块。在撕掉内脏后，还要撕开背脊肉，一线一线撕下来，只剩骨头。这些只是粗加工，还没有开始做菜。

做宝塔黄鳝，主要有两种方法，一是煸炒，直接炒干鳝鱼，吃起来肉嫩滑爽。一种是油爆，把黄鳝炸干，加辅料炒，吃起来肉质紧致酥脆。随着生活条件的好转，油爆宝塔黄鳝越来越受农民喜欢，山民对口味的要求也越来越高。

厨师洗净铁锅，烧上半锅植物油。农民炸东西，喜欢用植物油，也有直接用猪油去炸的，冬天冷了就不好吃。油烧开后，把去掉内脏的鳝鱼轻轻丢进油里，就听到呲呲的叫声，油锅上马上冒起一层白雾，飘飘渺渺。雾水渐渐减少，用菜勺翻动黄鳝，不让其粘锅炸焦，更要把鳝鱼炸透、炸酥、炸脆。等白雾很少时，可以捞出黄鳝，沥干油汁。另外起锅，放少许油，放姜、大蒜瓣、辣椒爆香，再加鳝鱼爆炒。黄鳝外皮爆开，油水浸入，焦黄色或者漆黑色，宝塔形状有弹性和定型，就起锅。盛入菜碟，加葱花，红、白、黑、绿多色杂呈，香味飘逸，让人垂涎欲滴。

梅山人吃着美味的宝塔黄鳝，食欲大增。辣味浓烈的宝塔黄鳝，咬上去脆酥可口，辣味十足。咸咸的鳝鱼肉非常下饭，一家人争相吃着美味的鳝鱼，辣得嘣嘣的声音不绝于耳。

山民有的图简单，做菜时没有去掉内脏，在吃的时候再来撕掉内脏。这些人一般都是喜欢吃腥味的人家。他们吃宝塔黄鳝，有自己的妙法，直接用手抓起鳝鱼，两手掐住鳝鱼的上下嘴唇，用力撕开，内脏直接掉到地上，鳝鱼肉放回自己的饭碗里，再慢条斯理地来品味，吃得津津有味。家里稍微斯文点的人家，把手改用筷子和嘴巴，用筷子夹住黄鳝头部或颈部，用嘴咬住鳝鱼背脊肉，轻轻用力就撕裂了鳝鱼背脊肉，一线一线地撕下来，露出背部的脊骨。再用同样的方法，撕下腹部的肉，鳝鱼就只剩脊骨和腹腔内的内脏，看去白骨森森，有些惨烈。

现代医学表明，鳝鱼的营养价值像人参一样，每100克鳝鱼肉含蛋白质18克、脂肪1.4克，还有磷、钙、铁、多种维生素，是高蛋白低脂肪食品，尤其适合中老年人食补。中医典籍记载，其味甘、性温，无毒，入肝、脾、肾经，能补虚损、除风湿、通经脉、强筋骨，主治病伤、风寒湿痹、产后淋沥、下痢脓血等。

我外公特别喜欢吃鳝鱼，他还发明了许多稀奇古怪的吃法，最常见的是把吃剩的宝塔黄鳝用来煮面条吃。我跟外公吃过几次，面条的味道非常鲜美，越煮越甜。面条柔润、滑爽，轻轻吸一口，就可以长驱直入进入胃里。

梅山人离开家乡，漂泊他乡，怀念的第一道菜就是自家的宝塔黄鳝。我在长沙生活了十多年，每次遇到老乡，聊起家乡的美食，都想起了母亲的宝塔黄鳝。其实，在长沙这个美食之都，也有宝塔黄鳝，只是它的名字不一样，长沙人习惯把它叫做太极图。

长沙人对宝塔黄鳝进行了一些改良，在菜市场，鳝鱼分大小饲养，按大小论价，为做宝塔黄鳝提供了理想的条件。筷子粗细的黄鳝是做宝塔黄鳝的理想食材，用清水加几滴菜油喂养两天后，用开水烫死鳝鱼，无需清除内脏，整条放进油锅里炸就可以了。边炸边翻，黄鳝自动卷缩成罗盘形，撒上盐、酱油、白酒、姜丝，盖锅焖透，装于盘碟或海碗内。吃时咬掉头，也不必撕去内脏，因为在炸透、炸枯之后，内脏已经没有异味，吃起来更有韧劲。

太极图是道家思想理论图形，湖南道县的理学泰斗周敦颐，用理学的观念对太极图进行了解说。理学思想在长沙岳麓书院生根发展，深入民间。理学之士见黄鳝卷缩的形象恰似太极图中阳动阴静的形状，于是以太极图命名鳝鱼，并摆上长沙人民的宴席，让饮食文化多了一些古风雅趣，让长沙人民多了些食兴。

我在全国各地行走，用鳝鱼做的美食不计其数，特别是江南一带，各地吃法不尽一样。知名的鳝鱼菜肴有双仙烧黄鳝、生蒸鳝段、酱爆黄鳝、火烧黄鳝、炒黄鳝丝、红烧马鞍桥、太极鳝鱼等，都非常美味可口。

在云南的红河县和通海县，有着宝塔黄鳝的同宗异法。

红河县彝族支系卜家人，有道非常奇异的美食叫火烧黄鳝，用烧熟的黄鳝做菜，味道麻辣干香，鲜美爽口。卜家人收完早稻，翻田搭埂，每当夜晚，黄鳝从泥巴中钻出，卜家青年腰系鳝篓，手举火把，用竹钳捕捉黄鳝。黄鳝捉回家，放入火塘的子母火中，活生生地烧成圆圈状，再串在竹竿上，逢年过节或家里来客，成为首选荤菜。

通海县的兴蒙渔村，居住着正宗的蒙古人，他们是七百多年前元朝入滇的后裔。蒙古兵在曲陀关驻扎时，常到通海境内的杞湖畔牧马，掌握了逮黄鳝的本领。蒙古人抓到黄鳝，没有向汉人学习吃法，而是用荷叶包着，涂上泥巴，投到火堆里烤。烤熟后奇香无比，鳝鱼全部蜷曲成圈，像太极图案。

太极图案在滇南民间是能够驱妖辟邪的镇宅之宝，凡是生活中厄运连连的人家，总能想到这个图案，在门楣上方插青松毛，请人绘制太极图，并书上"姜太公在此"。太极鳝鱼色香味美，还可以给食客带来好运，冲掉身上的晦气。

我虽吃过不同的鳝鱼及近宗的宝塔黄鳝，却还是忘不了家乡的宝塔黄鳝，更希望吃到母亲亲手做的宝塔黄鳝。

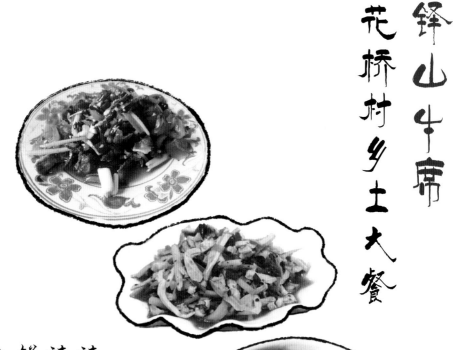

铎山牛席

花桥村乡土大餐

牛全席鲜嫩酸辣、风味独特，款款辣劲十足，盘盘红艳鲜亮，色香味形器俱全，食客百食不厌。

牛全席体现了梅山饮食文化的精髓，铎山镇花桥村的牛全席餐馆和二三十家宰牛铺，生意火爆，客旅不断，全为吃顿铎山牛全席而来。

娄底市冷水江与涟源交界的铎山镇花桥村，沿公路两侧有三四十家牛全席餐馆和二三十家宰牛铺，生意火爆，客旅不断，全为吃顿铎山牛全席而来。我每次从长沙回新化老家或者从老家新化回长沙，都会在铎山镇花桥村的餐馆饱餐一顿牛全席，才满意地离去。

铎山镇是冷水江市的东大门，地处冷水江、娄底、邵阳"银三角"地带，是进入古梅山的要冲之地。

与铎山牛全席齐名的还有一山之隔的坪上。铎山与坪上原本是一个镇，都属新化县，后来因为冷水江、新邵从新化划出部分地方成立新的行政区域，就分属现在的娄底和邵阳两个市。铎山牛全席有一条街，一字儿排开，很是壮观。家家户户门前都挂着一条宰杀了的整牛，客人想吃哪里就点哪里，可以从牛头吃到牛尾，很是过瘾，让食客留恋。铎山牛全席因为特别的味道，在娄底、新化、涟源一带很有名，凡经过铎山花桥一带的旅客，都要一饱口福，吃了牛全席才愿意走。铎山牛全席的厨师，都是当地农户的家庭主妇，她们用牛身上的各种器官、内脏做菜，每道菜与牛有关，被南来北往的客商美其名曰叫牛全席，广为流传。

铎山牛全席的牛，全部是本地黄牛，当地人叫黄牯，又名湘西黄牛，性情温驯，肌肉发达，骨骼结实，胸部宽广，背腰平直，腰臀健壮，四肢筋腱、强壮有力，善登山爬坡，步态稳健，行动灵敏，肉质优良、脂肪较少，是非常理想的肉牛。当地人吃牛肉，不吃饲养的肉牛，他们习惯吃劳作、耕种两三年的耕牛，这样的牛肉才有嚼劲。

花桥曾属古梅山中心地带，南宋景炎二年（1277）三月，梅山新化张虎起兵抗元，统率梅山骑兵长驱直入，一举收复新化、安化、益阳、宁乡等县，后遭元兵残酷镇压，张虎兵败被俘，宁死不屈。元人为防梅山骑兵东山再起，在铎山花桥一带大肆宰杀战马，杀完战马，接着杀耕牛。桥头屠担横陈，尘垢牛粪满地。屠牛村夫，汗流浃背。当地人继承了杀牛的习惯，一直流传至今。

花桥牛全席，讲究食材新鲜，用料现宰现烹。厨师刀法过硬，对料下刀，准确无误，肉薄如纸。厨师习惯大灶大火，用烈火烹油，她们眼疾手快，掌握火候。牛全席配以本地山胡椒油和自家晒干的干红椒和白辣椒，辣味十足。我吃过的牛全席，主要菜品有牛脑髓、牛鼻子、酸辣牛百叶、铁板牛排、小炒黄牛肉、牛杂火锅、三合汤、爆花筋、煲牛鞭、牛肚、牛肝、牛心、牛腰、牛肠、牛血、牛黄喉等，样样精致，款款各异。

牛全席鲜嫩酸辣、风味独特，体现了梅山饮食文化的精髓，款款辣劲十足，盘盘红艳鲜亮，色香味形器俱全，食客百食不厌。我习惯以新化水酒助兴，喝点新化水酒，吃着辣霍霍的牛席，细嚼慢咽，品味其中味道。吃完，唇齿留芳，耐人回味。

我吃饱喝足，辣得大汗淋漓之后，全身舒服通畅，可以到花桥村路边看看田园风光，也可以顺便看看庖丁解牛的现场，虽然场面血淋可怕，还是让人大开眼界。他们从宰杀到肢解完一条整牛，大约一个小时。屠夫拿着尖刀，可以游刃有余，骨头剔得干干净净，牛身上没有任何浪费，连内脏、下水都成了牛全席上的美味。

年夜砧板肉

古老的年俗

山民吃砧板肉，没人狼吞虎咽，他们拿在手里，一丝丝扯精肉，嚼进嘴里，慢慢品味它的醇香。

砧板肉香，与普通肉味不一样，它掺和了精肉的咸香、肉丝的清香、肥肉的熏香以及浓郁的醇香。给人极大的诱惑力和吸引力，很有想吃的冲动。

梅山深处的新化山民，有些古老的年俗。进入腊月，家家为了砧板肉而奋斗。大人商议屠户杀年猪、腌年肉、熏年肉的时间，准备煮砧板肉的柴火。

俗话说："大人望插田，小孩望过年。"家中的孩子最为急切的就是过年，他们忙着准备柴火，等着过年。大年夜是梅山山民送往迎新的日子，也是梅山家庭最忙碌的时刻。他们对过去的一年要做个总结，对新一年的到来要准备最好的食物款待客人，特别是新年吃的年肉，最需认真。

年肉是一刀猪屁股尖子肉，大概二十多斤。屠户杀年猪，开膛破肚之后，到砍肉的时候，就要问家庭主妇，年肉怎么个砍法、腌法，不能有丝毫马虎和差错。家庭主妇首先选定带尾巴的一边，根据猪的大小不一，决定砍年肉的长短。三百斤左右的年猪砍二十斤左右，一百六七十斤的年猪砍十五六斤。屁股尖子肉是猪身上精肉最多最集中的地方，肉厚实，精肉成块，脂肪少。有姑娘、小伙子的家庭，主妇就要求连肘子一起砍在年肉上。

肘子是梅山山民款待客人的最高礼物，嫡亲亲属上门拜年，必须用肘子款待；头年结婚的小夫妻，新郎去拜新年，必须以肘子款待。其次，肘子是正月初一早饭上的主菜，一家人要为肘子动刀，分割肉皮或者精肉，吃过开门红。

年肉一般是一块整肉，从来不切碎。聪明的主妇，在屠户砍肉时，就要屠户在肉心均匀地切几条缝，留肉皮处相连，缝与缝一寸宽。在腌制的过程中，直接把盐搓到刀口上，让盐水沁入肉里，达到快速腌制的效果。腌三天左右，把还滴盐水的年肉挂上灶膛的横梁，就着柴火烟子熏。半个月左右，年肉的肉皮熏得黄金金，肉上结满烟尘，就成了完美的年肉。

年肉是春节半个月（初一至元宵节）里的主打菜，每餐都要一大菜碗上桌。无论客人吃不吃，都要有一碗充数。讲究的家庭，在春节期间是不吃新鲜肉的，也不再煮肉。

梅山山民为了忙团年饭，一天三餐改为两餐，或者改到中餐吃团年饭。早饭过后，山民就准备杀鸡，这是团年饭的主菜，每家每户都会做这道菜。新年初一，家中养鸡的山民，是不吃鸡肉的。团年饭其他的菜蔬，一般有猪肚子、整鱼、猪腰子等六大碗菜，从来不吃七碗八碗，可以做九碗或更多。饭后，全家人准备过年。家庭主妇扫地，家庭主男挑水、劈柴。大人把锅刷洗干净后，煮年肉的活就交给小孩，由他们生火煮肉。

熏黑的年肉，在温水里洗去烟熏的痕迹。多用生铁锅煮年肉，如果锅小，就顺着刀痕切成两三块；锅大，直接整块放进锅里煮。在生起的柴火上，多加干柴，火力猛，速度快。有条件的家庭，还会烧几根枫树柴，煮出来的年肉会香些。煮上半小时到四十分钟，主妇用筷子试试，可以插进肉皮里就不要煮了。

主妇把年肉从锅里提出来，摆在砧板上。切下带尾巴的部分，端来放在堂屋里的八仙桌上，准备祭祖。剩下的肉切下肘子，开始把肉切小，就是对年肉进行细加工。先按刀痕切成条，再切成两指见方的小块，整整齐齐地摆在砧板上。年肉飘散出浓郁的肉香，这种肉香，与普通肉味不一样，它掺和了精肉的咸香、肉丝的清香、肥肉的熏香以及浓郁的醇香。给人极大的诱惑力和吸引力，很有想吃的冲动。

主妇系着围裙，站在砧板边，认真地切着年肉。孩子们已经围成一圈，可谁也不下手。等主妇切完肥肉，拨到一边，开始切纯精肉时，香味越来越大，越来越刺激鼻孔。主妇切好几坨精肉，给每个孩子捏一坨；孩子们可以拒绝或者要求更换，主妇会按着孩子所指的给他捏起，交到他手里，或者塞到嘴里。孩子们拿着香喷喷的砧板肉，边吃边回到灶膛边烤火、聊天，听祖父母讲故事。主妇自己捡起一块小小的精肉，塞进嘴里，边吃边给祖父母每人切块大的精肉送去。回到砧板边，再给在祭祖的丈夫切一块大的精肉，等他回厨房。丈夫刚好祭完祖先，跨进厨房大门，喊孩子们去放鞭炮。主妇就把切好的砧板肉塞进丈夫的嘴里，说着："过年了，你也吃块砧板肉吧！"

鞭炮声中，全家开始辞岁，观看焰火。大人往往意思一下，又回到厨房，趁这个机会多吃点砧板肉，表示一年的辛劳和快乐。

现在的孩子，已经不再惦记砧板肉的味道，坐在电视机旁看春晚。主妇把切好的净精肉端到孩子面前，说砧板肉好香，给每个孩子发一坨，要他们吃完才准睡觉。孩子们挑三拣四，寻找最小的那坨，吃了就算辞岁。

通红的砧板肉，能够明显地看到肉丝间的距离。山民吃砧板肉，没人狼吞虎咽，他们拿在手里，一丝丝扯精肉，嚼进嘴里，慢慢品味它的醇香。有种充实感，觉得饱满、踏实，吃起来有劲。主妇招呼好大家，自己回到砧板旁，继续切年肉。把年肉切完，放入锅里，烧一把火，用火星的余温焖着年肉，就去守岁。漫漫长夜，在数说家庭的丰收和喜悦中慢慢过去。鸡叫头遍，主妇打发孩子去睡觉，自己收拾好年肉才上床。天刚蒙蒙亮，又爬起来，开始新年的忙碌。

新化辣子粑
令人思乡入骨

辣子粑等颗粒炒
到筷子头大小，颜色
澄黄晶亮，颗粒紧促，
非常诱人，极有食欲。

走出梅山的孩子，在城市享受现代文明的同时，最怀念和期盼的就是那思乡入骨的辣子粑，感受家乡的味道。

新化北部的圳上镇，地处资江中游，雪峰山东南麓，那里多山丘和盆地，气候温和，环境宜人，大熊山屹立西北，资水擦镇而过。那山水造化的神功，孕育了神秘的梅山核心文化，形成了当地独特的饮食文明和生活习惯，喜食酸食和腌制品。

新化北部由圳上镇和大熊山两部分组成，有79个自然村，主产黑茶和木材。这里北接安化县，南邻吉庆镇，西抵白溪镇，面积300多平方公里。大熊山又名熊胆山、神山，乾隆喻为"独标清胜"，最高峰九龙池海拔1622米，由40余座海拔上千米的山峰、数十条大小溪流罗织而成。走进山区，险峰如林，古木参天，多出异兽，层峦叠嶂。相传，蚩尤战败后，带领九黎部落躲进梅山深处的新化北部，在圳上、大熊山等处植梅树、杜鹃、枫树；冬天红梅飘逸，春天杜鹃遍野，夏天山花烂漫，秋天满目红枫，寄托着远古先人"雪里梅花开，迎来万山红"的理想。

新化在周代属荆州，春秋时期属战国楚地，秦时属长沙郡，汉时属长沙国益阳县。北宋熙宁五年（1072），梅山蛮归化朝廷，置新化县，取王化之新地之意，隶属邵州。南宋宝庆元年（1225）改邵州为宝庆府，新化属宝庆府。直到娄底市成立，新化才归娄底管辖。《史记》载：黄帝"南至于江，登熊、湘"。熊，《方舆胜揽》注释为熊山，即新化北部的大熊山。

新化北部溪流甚多，河网纵横交错，圳水河、江下河、董溪河成"川"字形从东向西穿过全境。当地物产丰富，以水稻、小麦、红薯为主，有干田鱼、水酒、茶叶等特产。山清水秀、地灵人杰，山民结合山的雄伟和水的灵性，诞生了方鼎英、陈正湘、罗盛教、方吉祚、陈树华、陈载华、方觉民、方乘、方荣华、龚云村、刘保定、罗次卿等一代代风云人物。

新化北部山区，春夏秋三季以种植业为主，农民习惯起床后先下地干活，有"一日之计在于晨，三个早晨当天工"之说，到上午八九点钟才回家洗漱吃早饭。民谣云："早饭日当午，中饭日落土，晚饭有是有，还须半夜守。"农村人吃饭喜欢来点下饭菜，又特别嗜辣，菜吃得少而饭量大。

新化北部流行"插田包子扮禾擂茶"的俗语。在春天插田的季节里，田里的水还很寒冷，下水刺骨，他们喜欢喝擂茶来取暖，在歇脚的时候，喝上一碗滚烫的擂茶，烫出一身大汗。他们做擂茶，把玉米、花生、芝麻、豆子炒熟，米磨成浆，搅拌煮沸成黏糊状液体，风味独特，香醇可口。男人更喜欢喝口水酒，就是用当地的糯米酿造的米酒，加条油炸脆的田鱼或者来口炒得金黄的辣子粑下酒。水酒是头年重阳或者中秋煮的重阳酒、过年酒，色黄味香劲烈，落杯满而不溢，入口醇香，浅尝辄醉。就着酒劲，回味着口里的辣椒粑味道，就不知不觉地把秧苗插遍田里。

梅山著名的菜肴有泥鳅拱豆腐、宝塔黄鳝、鱼肉冻、蒜腊花、年羹萝卜、坨子肉、膀头肉、玉兰片、冬笋炒腊牛肉、糖炒花生米等，农民可以吃到的机会非常有限。梅山人很少有新鲜肉吃，多以柴火腊肉为主，还喜欢加米粉和干萝卜丝做成米粉肉，来度过没肉吃的季节。他们吃饭品菜，讲究干湿合一，形成一系列的粉状菜或干菜，有剁辣椒、白辣椒、干豆角、酸豆角、盐菜、苦瓜皮、萝卜皮、茄子皮等，全部由粉状做成的菜不多，有名的是辣子粑。

辣子粑在新化北部是一道非常普通的家常菜，几乎家家户户都在秋季制作几坛子，又叫辣椒粑。制作方法相对比较简单，把糯米、大米或者玉米炒熟焙香，用石磨碾成细粉，几种粉搅拌均匀，再次经过石磨碾细。挑选又红又大的尖辣椒，在没有红辣椒的情况下可用青辣椒替代，洗净沥干，去除蒂把，在粉中剁碎辣椒成玉米粒大小，与粉搅拌均匀，加盐，装入陶瓷坛子，密封一段时间，等它在瓷坛里倒潮、发酵、回酸，形成香醇的气味。辣子粑在腌制过程中不能沾生水，密封期间不能与外界接触，要达到自然返潮的效果，逐步让其发酵，慢慢成酸，才醇香可口。

辣子粑主要用清油炒着吃，也有用水煮糊糊吃的。但是梅山人吃东西都有自己喜欢和习惯，他们既喜欢干爽的菜肴，也喜欢清静的饮食环境。他们炒菜，先把辣子粑粉末在烧热的菜锅中炒去坛水气味，再铲到一边晾着，放油烧开，继续铲下粉末，一起炒，等到粉末炒香，稍微加少许凉水，和成糊糊，再继续炒。炒干水分，粉末就会结成坨，开始是大坨的，慢慢的就炒散了，水分渐渐炒干，颗粒开始干涸，并且越来越小，颜色由白色逐渐转黄，等颗粒炒到筷子头大小，颜色澄黄晶亮，颗粒紧促，非常诱人。

辣子粑可以趁热吃，颗粒柔软、弹牙，稍带点酸味，最好下饭、喝酒。每吃一小口，口齿留香，回味无穷。辣子粑多用茶油或者菜油炒，炒好后，就是冷了也不会凝固，下餐吃时也不用加热，可以直接吃，只是颗粒更加紧促，嚼上去更有韧性和弹性，稍有甜味，可以细嚼慢咽，慢慢品味。

梅山人在秋天做好的辣子粑，储存在大瓷坛里，可以吃到第二年的夏天，有的家庭甚至吃过对年，还在吃，只要不变质或变味就行。

走出梅山的孩子，在城市享受现代文明的同时，最怀念和期盼的就是那思乡入骨的辣子粑。每每得到老家亲人赠送的小份辣子粑，都要与家庭、亲友一起分享，感受家乡的味道。

剁辣椒炒牙白

冬季素菜

小白菜经过打霜冷冻，菜心才开始抱紧，青色的叶子尖变得青白相间，外面大叶成淡绿色，苦味和清味淡出，甜味渐出。

长沙人冬天喜欢吃剁辣椒炒牙白，可以刺激自己的食欲和口味，更能带来一些清爽和补充水分。

湖南本土不长北方的大白菜（黄牙白），湖南人自己种的白菜即小白菜，长沙人叫它牙白，娄底人叫苔菜。小白菜一般下半截为白色，上半截为青色，只有霜降之后，小白菜经过打霜冷冻，菜心才开始抱紧，青色的叶子尖变得青白相间，外面大叶成淡绿色，苦味和清味淡出，甜味渐出。

霜降之后，长沙的菜园子开始萧条，茂盛的辣椒树进入了尾声，叶片落尽，树枝上吊着的几个红辣椒非常显眼，农民边拔除辣椒树，边采摘霜辣椒，辣椒经过霜打之后，椒味更浓。霜辣椒分青辣椒和红辣椒，农民收集红辣椒，洗净剁成碎末，装于瓷坛中，一层辣椒一层盐，经过几天的腌制发酵，辣味冲鼻、稍酸，吃时生脆，辣味浓烈，稍吃几片就沁出汗水。

刚从菜园里鲜采的牙白，洗净沥干水分，撕成碎片。锅上灶，加大油烧开，荡匀锅底，倒入牙白，爆炒，几个翻滚之后，牙白变软，菜叶之间贴紧，析出水分，加盐，牙白成菜色或嫩黄色，加剁辣椒，再翻炒几下，立刻出锅。

长沙人不喜欢牙白完全炒熟出锅，喜欢半生不熟的时候起锅，利用牙白在菜碗里的热度，让其自然捂熟，等到吃时刚好完成熟透。长沙人在炒菜的时候，常把剁辣椒炒牙白放到最后一道菜。

长沙人冬天喜欢吃剁辣椒炒牙白，可以刺激自己的食欲和口味，更能带来一些清爽和补充水分。牙白出锅两三分钟，就可以开席。牙白夹到饭碗里，带来了汤水，给人的感受是一种温暖和滋润，稍带点酸味。牙白送进嘴里，有种舒适的软嫩贴在唇齿之间，轻轻咬下去，就有咔嚓咔嚓的脆响，菜帮子里冒出汁水，有股清爽的感觉，微甜，吞咽之后，又回甘。剁辣椒点缀在青白的牙白间，三色映衬，生气盎然。细细品味剁辣椒的滋味，不再有腌制时的生气，却保留了清脆爽口的口感，嚼后有点甜。吃上几筷子剁辣椒炒牙白，不再感觉其他荤腥的油腻。

水车鱼冻

最讲究的 瑶苗美食

水车鱼冻用材极其讲究，必须用紫鹊界梯田的稻田里养的新鲜稻香鱼，用紫鹊界山坡上的山泉水。

吃水车鱼冻时，鲜香甜美，十分爽口，醇到极致。配以当地剁椒，味道更加美味可口。我吃水车鱼冻，不吃鱼，只吃鱼冻，品尝它的韧性和嚼劲。

水车镇位于新化西南部，属雪峰山奉家山脉，东邻槎溪镇，西接奉家镇，北依文田镇，南临隆回县鸭田镇、金石桥镇，西北与溆浦县相连，历来为相邻几镇的商业、经济中心，每逢集市，人流众多，商贾百姓人山人海，蔚为壮观。水车镇现有35个行政村，两个居民委员会，467个村民小组，共37000人，辖区面积121.25平方公里。水车镇为丘陵偏山地，西南东北偏高，东南西北较低，最高海拔1464米，最低海拔410米，年平均气温13℃，年降雨量1700毫米。水资源丰富，有山溪20来条。土地类型多样，适宜金银花、天麻、杜仲、玉竹等经济作物和农作物的生长，盛产糯米、红米、粳米、茶叶、高山冷水鱼等。

紫鹊界占了水车镇的大部分，有梯田5000余公顷，集中连片的有1300公顷，从海拔500米到1200米之间，共500余级，坡度在30°左右，陡的地方达50°以上。紫鹊界及周边的奉家山一带群山环绕，连绵起伏，溪水奔流，由山岳、梯田、溪流、岩石、道路、板屋等组成一幅优美的田园风光。紫鹊界梯田没有一口山塘和水库，全靠天然的灌溉系统，山顶的绿树滋润着梯田，山中的板屋点缀着梯田。梯田美景随着季节、气候变化而不同，春天在阳光下如块块水晶，夏天是从天而泻的弯弯碧玉，秋天是纵横交错的黄金甲片，冬天是千万根舞动的银色飘带。

奉家山清代以前叫元溪山，由元溪而得名，其范围为现在的水车镇、奉家镇和溆浦县的岗东乡，平均海拔千米以上，峰峦叠嶂，山势险恶，切割深达数百米。元溪山曾是瑶人聚居地，至今留有瑶人冲、瑶人凶、瑶人村、瑶人屋场、瑶人街等地名。宋神宗用怀柔之策置新化、安化两县，才纳入北宋版图。

紫鹊界梯田初垦于秦汉，秦献公次子季昌反对秦孝公重用商鞅变法，潜隐于奉家山附近的紫鹊界，带来了中原的美食鱼羹。宋元有大量汉人迁入，因"天下大乱，此地无忧，天下大旱，此地有收"的缘故，明初梯田开发进入高潮。紫鹊界梯田山清水秀，风景迷人，民风淳朴，至今保留诸多传统瑶苗民俗，柴火腊肉、糍粑、猪血粑、鱼冻堪称水车四大名吃。紫鹊界原名止客界，是从水车镇经奉家镇到溆浦县必经的第一座山峰，有条石板路翻越此峰，因山高坡陡，路呈"之"字形，令人望而却步。明正德三年(1519)，因饥荒发生瑶民起义，战争长达70年，死伤无数，后有善人常烧纸钱赈济冤魂，改名纸钱界。清代道光、同治中，观其形如鹊，改为纸鹊界，后将纸改为紫。

紫鹊界梯田大多呈带状，亦有蓑衣丘、斗笠丘，如螺如带，巧夺天工，其形态之优美、线条之流畅、四季景观之变幻让人叹为观止。紫鹊界梯田山脉由花岗岩基岩构造山体，地底不渗水，保证地下水、天然水一滴不漏地从地表的花岗岩风化物形成的土壤中渗出，永远滋润着这片土地，实现旱涝保收，甚至越旱越丰收。山坡上到处是星星点点的泉水，在田塍的任何一处挖个缺口或安段竹筒，水便从上往下流，从这丘流到那丘。即便某个地方没有泉水冒出，也只需沿着梯田的内侧堵一条通道，水便会顺着通道流到需要的地方。这里特殊的岩石土壤能储水渗水，每丘梯田的长度、宽度，每梯级的高差因势而宜，使得丘丘梯田水源充足，雨季不会出现急流导致水土流失。

新化自古是瑶苗之地，食鱼大有讲究，以田鱼为上品，河鱼次之，塘鱼不入品。田鱼即稻田里放养的鲫鱼、鲤鱼、草鱼等，插秧之后，农民舀一碗鱼苗倒在稻田里，以后再不用打理它们，等稻谷成熟后，扮禾时捞出鱼群，既可食用，也可以在家塘里喂养。田鱼的妙处是鱼龄短，只养了一季稻的时间，鱼以稻田的微生物为食，生长快速，鱼肉细嫩；鱼在稻穗扬花的时候，吃了不少飘落在水中的稻花，终生不沾饲料，肉质嫩滑，稻香浓郁；更妙的是用这种鱼做成鱼汤，汤稠腻，带有稻香味；用这种鱼烤成干鱼，稻香浓郁，能够诱惑人的食欲和刺激味觉。

紫鹊界梯田中的居民还有个独特的处所，那就是每家每户都有一口小塘，大约十几平方米，塘水清澈。建在房子的左边或右边，主要用途是养鱼，养从稻田里捕捉回来的鱼。每当种植的中稻成熟，粳米或者开始收割的季节，稻穗金黄，农民放干稻田里的水，鱼群集中到一块，农民用簸箕把鱼捕捞起来，带回家，养在家塘里，用来满足一年所需，主要是做水车特有的鱼冻，招待贵客。

水车鱼冻用材极其讲究，必须用紫鹊界梯田的稻田里养的新鲜稻香鱼，用紫鹊界山坡上的山泉水。把鱼宰杀、处理干净后，切成小块，不放油、葱、姜等调味品，放少许盐，用柴火、铁锅将其炖熟，还加鱼香叶一两片。鱼香叶为冬季采摘的老叶，千万不可采摘嫩叶，风干成浅黄色，气味异常芳香。然后用碗盛好鱼汤，每碗加一到两块鱼肉即可，置于室外，一夜之后，鱼汤自然冻结，鱼汤冻结后在常温下不再融化，并且硬实。鱼冻晶莹剔透，一眼即可望到碗底，入口不烂，颇有几分嚼劲。曾有好事者，将其他地方的鱼带到水车用当地水煮，或将当地水带到其他地方煮，或把鱼、水带至山外煮，均以失败告终，可见水车鱼冻不仅需要水车的鱼、水，还需要水车的自然环境。

米粉肉

魂牵梦绕

刚蒸熟的米粉肉，一口嚼下去，油水冒出来了，满嘴都是。

我家乡在大梅山的新化，农家在杀年猪的时候一定会做一道坛子里的腌菜，那就是让我魂牵梦绕的米粉肉。

我这里说的米粉肉不是我们通常在餐馆里吃到的粉蒸肉，在大梅山，没有粉蒸肉这个名字。我们生活在都市，怀念乡村的味道，又无法做出地道的乡村菜肴，只好模仿米粉肉，再加以创造，做出我们今天可以经常吃到的粉蒸肉。特别是现在，在超市、商店出售粉蒸肉的米粉，那种米炒香、磨成带颗粒状的碎米粒，加入盐、味精等调料，可以直接使用。如果要做粉蒸肉吃，只要切好五花肉，用现买的米粉拌上新鲜肉，就可以上锅蒸，蒸熟就是粉蒸肉。

米粉肉受到季节、气候等条件的限制，一年只能做一次，而且只能在冬季的腊月。冬天气温低，喂的猪也开始长膘，农家杀了年猪，猪肉不会在很短的时间里变臭。农妇利用这段时间，开始做冬藏的菜肴。米粉肉就是冬藏菜肴之一。

农家做米粉肉，必须有个前提条件，那就是要事先做好干萝卜丝。做米粉肉使用的萝卜丝不是新鲜萝卜现切的丝，而是晒干了的萝卜丝。农民在六七月份就开始种萝卜，称为早萝卜。到十月份，正是秋高气爽的时候，萝卜已经长得非常粗壮。农妇放下手头的其他活，到地里拔萝卜。萝卜长在沙土里，有尺把长、拳头粗。农妇连苗拔起，顺便用菜刀削掉萝卜根，还把萝卜菜连蒂切掉，手里剩下光秃秃的萝卜，刮去泥巴，丢在箩筐里。把萝卜菜集中起来，准备做盐菜用。农民拔上一担到两担水萝卜，挑到溪边，用大木盆装满清水，把刚拔的萝卜倒进盆里，用锄头搅动萝卜。萝卜在水里滚呀撞呀，偶尔激起点浪花。经过三四盆水的清洗，萝卜身上的泥巴差不多全部洗掉，再把萝卜丢到小坝子里，用流水来冲洗，把没有洗干净的萝卜用手洗干净，有须的萝卜把须削掉。

萝卜清洗干净，沥干水分，切成薄片，片要均匀，片儿拉长，再切成细丝。个别农妇图简单，用铰红薯丝的机器去铰萝卜丝，这样的速度确实很快，但是在铰的过程中，萝卜丝是用刀子刮过一样，每根萝卜丝都被打泡，汁水全部丢失，吃起来没有甜味，寡淡无味。下年再做萝卜丝，这家人还得用手工切萝卜丝。

切好的萝卜丝需要暴晒，晒在竹毯上，洁白的萝卜丝经过太阳的烘烤，几天的功夫就蔫了、缩了，颜色由白色变成米黄色，继续暴晒，萝卜丝开始萎缩卷曲，晒干就是细如麻线，可以把萝卜丝打包收藏起来，放在仓库里储存，等着做米粉肉。

萝卜菜不能丢，是做盐菜的最好食材。在老家农村，我们做盐菜大概有三种食材，一是萝卜菜，使用的最多，最普通；二是榨菜叶，在榨菜成熟的春季，砍掉榨菜，叶子做盐菜，最好吃；三是大蔸菜叶，叶片大，肉质叶柄多，有韧性，做的比较少，晒干的时间长，需要阳光。萝卜菜叶子择去黄叶，清洗干净，晾挂在竹竿上，经过风吹日晒，蔫了的萝卜菜才拿去切，切得比较细，暴晒一两天，就晒干了，放进坛子里做盐菜；不切，散上盐，在坛子里腌一段时间，变成盐白色，就成为城市流行的梅干菜。

进入腊月，在外打工的子女回到故里，父母张罗着杀年猪、做腌菜。杀年猪是全家的大事，子女、老人都要聚集齐了。杀猪那天，大家聚在一起吃饭，叫做喝猪血汤，大家热热闹闹吃顿团圆饭。虽然没有春节那么隆重，却是一次很特别的亲人大团聚，带着浓厚的家庭气氛。

杀完年猪，老人开始收拾猪肉，把猪身上的肉进行分门别类，设计着用来做什么，有的做腌腊肉，有的炸猪油，有的炒米粉肉、炸酸肉鲊，等等，分得特别具体、详细，在一一把那些事情做完之后，就开始做米粉肉。

炒米粉肉少不了米粉，米粉是最主要的元素之一。米粉肉的米粉是种比较讲究的原料，一般人家用糯米和籼米合成，糯米七成籼米三成，先把籼米炒熟，磨成米粉，再把糯米磨成生粉，两种米粉拌合均匀。讲究的家庭还喜欢在米粉里加入部分玉米粉，玉米粉在米粉肉中充当很重要的角色。玉米一般不用杂交玉米，用原始的老玉米，不种在菜园里。开荒第一年种的新地上，经过刀工火烧之后，农民在新开垦的荒地上种玉米，玉米长得特别茂密，颗粒硕大饱满，味道香甜纯正。玉米籽炒熟之后磨成玉米粉，再拌入米粉中，一斗米粉加三两升玉米。

腌腊肉一般选择有肋骨（排骨）的肉，农民叫硬肋肉。没有肋骨的肉叫软肋肉，主要用于炒米粉肉和酸肉鲊。酸肉鲊需要用整块的肉去制作，一般四五寸宽、五六寸长。米粉肉没有这么严格的要求，可以是大块的肉去切碎，也可以是边角料，一般切一指厚一块就行，喜欢吃厚实点的可以切半寸一块，两寸长一寸宽，边角料按它的大小、形状切片即可。软肋肉在城市叫五花肉，有三层精肉的五花肉最好，特别是宁乡花猪肉，三层精肉比较厚，四层肥肉比较薄，精肥区分很明显，红白相间，看上去层次分明，很有带状感。把软肋肉切成五寸见方的块，放入炸猪板油舀干油的锅里，一字儿排开；稍加小火，肥肉的油就冒出来，等肉的边角开始收缩、上翘，可以翻动肉块，再等另外一面的边角收缩、上翘；一阵翻炒，炒出肥肉的部分油，肥肉透明，瘦肉金黄，整块五花肉呈肉色，就停止翻炒，舀出油，加盐，拌米粉，搅拌均匀。

拌了米粉的肉块放凉之后，把晒干的萝卜丝拌上米粉和盐，萝卜丝铺在坛底，一般为三分之二坛子，再放一层酸肉鲊，稍微盖点萝卜丝，上面全部放米粉肉，中间杂些萝卜丝。盖上盖子，坛沿用水密封，腌一个月左右，米粉肉就成味，可以开吃，也可以继续腌，最好腌两三个月，味道足些。

一般家庭，在春节期间没有吃米粉肉的习惯，到了二月桃花节，吃米粉肉的人家开始多了。最多的是在开春季节，农民开荒垦地，那是费力气的活儿，需要多吃些油水。

特别是刀耕火种的第二年，叫做挖毛荒地，就是把种了一年玉米的地翻过来。玉米地是没有深挖过的，除种植玉米的时候挖了个坑，锄草的时候只在表皮挖动一下。挖毛荒地要把全部土地翻过来，把树蔸挖掉，需要下大力气。农民挖毛荒地，从吃了早饭进山，到天黑才回家，中饭一般在地里吃，带一碗饭到山里，放在挖土的前面，可以望梅止渴。带的菜多是干菜，菜里会有两三块米粉肉埋在碗底，俗话说"一块米粉肉埋在碗底吃了"，就是讲这个事。

刚蒸熟的米粉肉，一口嚼下去，油水冒出来了，满嘴都是。农民蒸米粉肉不像我们在城市里讲究把它蒸熟蒸烂，吃起来软软的，糯软得很。农民为了节省时间，在倒掉蒸饭的米汤水之后，把米粉肉用碗盛了放在饭上蒸。饭熟了，米粉肉刚蒸透，还没有蒸糍，吃的时候就是油。

我喜欢吃蒸糍的米粉肉，特别是刚蒸出来的米粉肉，吃起来糯得很，不再油腻，但是米粉肉凉了就不好吃，肥肉成乳白色，嚼下去像肥板油，肉皮很有韧性，咬不断。

米粉肉若在坛子里腌久了，有点酸味，酸得不太重，带着草莓式的酸甜，吃起来没那么油腻感，非常爽口。肉皮不再有韧性、糯性，可以咬出清脆的响声。

煨豆腐

几乎绝迹

白溪豆腐讲究制作精细，原料纯净，磨浆细腻如乳，烧浆石膏恰如其分，成品洁白细嫩。

> **煨豆腐如果有时间细细品味，别有一番风味。细嚼慢咽之中，会感觉比猪肉更有味，比鸡汤更鲜美，有嚼劲、有韧性、有弹性，回味无穷。**

在我家乡新化县圳上镇，当有人说起煨豆腐，人人都好像知道点儿影子，大概知道它是个好吃的食物，但是要问他吃过没有或者对煨豆腐有多了解或者到底怎么个好吃法，能够回答的人却很少。特别是近些年来，随着做煨豆腐的匠人的年龄增长，大部分人慢慢去世，煨豆腐在这个地区几乎处于绝迹，现在我能够数得出名字的不到几人，每年能做的煨豆腐也极其有限，想吃块地道的煨豆腐真是难上加难。

我出生在20世纪70年代末，算知道煨豆腐的人群中的青年人了，这与我的家史和家庭有关。爷爷的父辈、祖辈都是矿山主和山林主，把持着当地锑矿产量最大的矿山命脉，并把自己的一辈子都奉献给这座矿山，赚的钱买了不少山林，当然少不了茶园和林中的野茶。清代，我们家族因为开采矿山获得乾隆皇帝的御赐匾额；民国初期，我们家族非常强大、人口众多，并且男丁都有武功，能够在春节舞起一条锦龙，用身体捍卫这座矿山。后来，我们的家族遭到不明原因的攻击，精壮男丁所剩无几。爷爷有两位兄长和一位妹妹，大爷爷的后辈很单薄，只有一子一女传承；二爷爷当壮丁，至今下落不明；我爷爷是三兄弟中最小的，他的后代发展壮大，有六儿四女。方家其他的家庭，不知什么原因都消失殆尽。我曾考究过其中原因，都无从考证。据奶奶口述，爷爷当时的山地很多，连绵有几十个山头，约数千亩；奶奶他们陈家是山地大户，她有个弟弟，家里的土地一年可以种出八百担花生米。

圳上镇在唐代末年就有人迁入，方姓成为最先进入圳上镇的六大姓氏之一。圳上风云四起的黑茶时代应该从晚清开始，左宗棠督军陕甘、新疆，湖南黑茶在西北边境受到欢迎，圳上这块地方因为茶叶繁多被发现和开垦。在民国时期，圳上镇迅速发展壮大，成为一个外人关注的黑茶种植基地和产地，无法制作完的茶叶被运到相邻的安化县洞市、白溪十茶亭等地加工，成品运到白溪或安化东坪的资江边，装茶叶的船在白溪延绵十多里。后来，圳上镇的茶叶树在大炼钢铁时期遭到严重破坏，特别是当时的中叶茶的老茶树和松树林里的野茶树，都被砍伐掉；20世纪七八十年代，圳上镇开始遍地种植茶树，很多坡地被改成梯土，成为专业茶园，茶叶开始产业化，制作技术由手揉脚踩改为水动力机械生产，只有选茶还沿用人工择取，成为湖南的茶叶主产区，成为圳上镇茶蔸、树蔸、竹蔸三大支柱之一。20世纪末，圳上镇因为细茶叶用脚揉，红茶有老梗，茶叶市场萎缩，圳上镇产茶的历史被人遗忘，并且很多农民把茶树挖掉，种植花生、黄豆。近年来，安化黑茶炒作得很厉害，圳上镇的老人开始怀念起自己种茶的日子，很多制造商也到圳上镇来收集新鲜茶叶，运到安化去加工。

因为家庭的历史原因和爷爷奶奶的婚姻性质，我们家保留了采茶必做煨豆腐的习惯，我父母继承了做煨豆腐的制作传统和饮食习惯。我从小就吃母亲做的煨豆腐，吃得最多的是我上高中的时候，学校实行放半月假，我在镇上中学读书，二姐和弟弟都已经工作，家中只有我一人求学，我可以带的菜也丰富得多，父母在农闲的时候，在家磨豆腐，煨好炒肉由父亲或二伯带到镇上集市或送到学校。到现在，母亲已经做了近五十年的煨豆腐。

圳上镇挨着白溪镇，与安化洞市、浮青接壤。白溪镇紧邻资江，与新化老县城隔资江相望。白溪镇有两千余年历史，曾是蚩尤和梅山文化的发祥地，有小南京的美誉，古镇八景中外知名，白溪水豆腐名震天下。新化资水有四十八溪，溪溪产一绝，最具风采的是白溪豆腐绝。当地百姓所说的白溪即资江河东，泛指油溪、青实、邓家、何思、檀山、水月、鹅溪、横岩、东富、荣华、澧溪、圳上等乡镇。

立春那日，圳上人叫春水，从立春那日起就不能磨过年豆腐和霉豆腐，磨的水豆腐叫春水豆腐，只能吃煎炒水豆腐或者做豆腐干、煨豆腐等，随着季节推移，气温升高，水豆腐容易变味发酸。农历二月半，圳上人叫花珍日，即桃花节，雷声响彻大地，春雨倾注草木，万物回春，桃花、梨花等竞相开放。二月十九日是太阳的生辰，圳上人要早起祭祀太阳菩萨即太阳公公，开门就点一柱长香，横放在大门口燃烧，早饭时放挂鞭炮，祈求一年的阳光充足，万物丰收。圳上属于山区，以土地耕种为主，主要农作物有玉米、花生、黄豆、红薯，农民习惯花生、黄豆、红薯三种作物轮作，每年种一种，周而复始。农民刚刀耕火种的毛荒地，种玉米为主，偶尔在玉米中间种小米、黄豆；第二年，挖过的毛荒地种花生，土地肥沃，花生颗粒饱满，结籽甚多；第三年，种红薯或黄豆，一般是坡地种黄豆，湾里（山坳）种红薯，黄豆收割早，趁秋雨种一届南荞；第四年，坡陡的山地放弃种植，开始栽树苗或者茶树，保持水土，甚至砌成梯田，也有利用冬季种小麦、油菜，春季种苦荞的。

春节之后，农民开始寻找树苗、茶秧，树苗在荒芜的土地上，熟土荒芜三四年之后，风力播种的小树苗长了尺多高或者两尺高，就可以移栽到坡地上。种茶有两种方式，一是栽种茶秧，从原有的茶树或茶蔸长出的侧枝，挖来重新栽；一种是用茶树上结的种子，每蔸种一把茶籽，等待它发芽生长，长得多就移栽开。

清明前十天半月，梅山的天气还凉，茶树上却长出了浅黄的嫩芽，爬满茶树的枝头。经过一两场春雨的洗刷，催绿了茶芽，茶芽长出一两粒米长，只要天气不下雨，农民就可以开始上山采茶了。采茶还是女人手脚快，她们背着背篓，系着花兜，围着茶树，迈着轻盈的脚步，在茶园里翩翩起舞。地主家采茶都有隆重的祭祀活动举行。他们祈祷采茶天气晴朗，茶叶丰收，价格节节上升，就要准备三牲，牛头、猪头、羊头，还有鸡鸭鱼等，也要豆腐，请上本地贤达名流，举行采茶开采仪式。有的在寺庙，有的在茶园，最多的是新茶叶长势茂盛喜人的地里。一般的人家，家庭贫穷，举办祭祀活动用不起三牲，就使用一牲即猪头。他们除了猪头，还会磨一两桌水豆腐。穷人困难，一年很难吃到几餐肉，渴望吃到美味的豆腐，当地有句俗话："有了豆腐就是肉，看到肉命都不要了。"所以，在梅山深处，农民没有肉吃，吃上豆腐就心满意足了。

梅山采茶，一般有两种，清明、谷雨时候所采的茶叶叫细茶，肥沃的坡地茶园清明前只采一次，谷雨前后再采一次；山坳里的盆地茶园，清明前采一次，谷雨前采一次，谷雨后采一次。采摘细茶，可以赤手空拳上阵，不用借用任何器具采茶叶，农民尊重自然，直接用指甲掐。采茶时，两手开工，手心向上，拇指压过芽头，拇指指甲掐下去，脆脆的、嫩嫩的茶叶芽头就掐断了，落入掌心，摘上一把，落入花兜或者抛入背篓。盛夏时候采摘的嫩茶叶叫红茶，就是我们现在所说的黑茶，一般一棵茶叶有三四片茶叶，嫩嫩的芽头有四五寸长，叶片全部舒展开来，采摘起来很上手，成果显而易见。土壤肥沃的山坳，嫩芽头有尺把长，生脆易断，用指甲掐已经很慢，采茶的妇女在食指上戴一个铁质器具，俗名叫摘子，前有一弯新月的弯刀，后有一个手柄，用一根小绳子套在食指上，四指展开，抓下去，大拇指往上收紧，茶叶就被挤压在一起，摘子就卡断了茶叶。也有妇女用镰刀采摘红茶，那样茶叶采不干净，妇女们就多割点，有时连老茶杆也割进来，无法保证红茶质量，所以茶砖里吃出树枝来。另外一种是采野茶，即野毛尖，谷雨茶采过约二十天，妇女们进山林里采野茶，茶叶一芽两叶，芽一寸长左右，叶片半展开，即黑茶天尖的原材料。妇女们穿行深山老林，每天可以采二三十斤新鲜茶叶，非常辛苦。

据传乾隆皇帝微服出访江南，途经白溪，夜宿村头小店，店主用洁白如雪的白溪水豆腐招待他。乾隆细尝慢品，越呷越觉得鲜嫩，又要再来几盘，店主送他三盘。乾隆好不欢喜，在白溪连歇九宿，临走时吩咐店家备笔墨，题写"走过天下路，白溪好豆腐"。店主把匾额悬挂厅堂，一翰林游学于此，见匾额目瞪口呆，忙问店主。店主讲述其经过，翰林说："这是当今天子御笔。"乾隆回朝后，即宣白溪豆腐进贡。

白溪豆腐讲究制作精细，原料纯净，磨浆细腻如乳，烧浆石膏恰如其分，成品洁白细嫩，久煮不散，鲜美可口。水豆腐开汤，拌以葱、生姜或蒜叶，色香味俱全，尤以鲜香著称，入口生津，落肚留有余香。

采茶的妇女喜欢清早出门，茶树上的露水还没干，她们就到了地里。为了多采些茶叶，她们中午不回家吃饭，带中饭到山里去吃。地主家采茶是件大事，不杀猪却要磨豆腐，磨的豆腐气温高，容易酸掉。他们想办法保存，最先用溪水浸泡，或把豆腐放在柴火火星上熏烤，豆腐水分干掉，成为结实的豆腐干子，他们称柴火干子。地主为了节约粮食，每天中午派人给采茶的妇女送饭，把做好的饭送去，菜多了无法挑上山，多做白水煮豆腐或者豆腐干。柴火豆腐干切成薄皮，经过植物油爆炒，拌辣椒粉，又咸又辣，很干很硬，很有韧性，很下饭，却咬得牙齿痛。

梅山有种最原始的饮食方式，那就是煨，不是我们现在做菜的方式煨，而是利用草木灰的余热烤熟食物的方法。梅山能够煨的东西很多，有煨红薯、煨玉米、煨花生、煨整鸡、煨整鸭、煨鸡蛋、煨苦胆（带苦胆的猪肝）等。磨好榨干浆水的水豆腐，在滴干水分之后，趁晚上做饭菜余下的火星，拨开火，在滚烫的草木灰里挖个坑，把水豆腐放在炕里，四周是草木灰，再盖上草木灰，上面留点火。通过一个晚上的草木灰煨制，水豆腐被草木灰的余热煨熟，并吸干水分，豆腐发生变化，质硬坚挺，可以随便提拿。煨过的豆腐拿到溪水里浸泡四五分钟，用手轻轻揉磨豆腐表面，洗去草木灰，溪水泛白之后，露出豆腐的真面目。豆腐滴干水分，放太阳底下暴晒，收干水气，晚上用铁丝筛架在灶上，豆腐平铺在筛子里。经过一两夜的小火烘烤，煨豆腐已经半干。

妇女们吃多了柴火豆腐干，觉得又咸又辣，总是想喝茶缓减嘴里的辣味。她们为了减少行装，只带了一茶筒茶水，既要解渴又要下饭，只能吃得很清淡。所以，经过多次试验，她们在煨豆腐之前，在榨干水分的水豆腐上撒点盐，再去煨，豆腐就有了咸味，口感更加质韧、紧凑。妇女们图行装简单，上山采茶往往轻装上阵，甚至只带碗干饭和一块煨豆腐，这样便捷，吃起来方便，味道还不错。采红茶的时候，妇女们采完自家茶园的茶，就结伙去采野茶。那些荒山野岭被人遗忘的茶树，都能被妇女们找到。她们背着干饭和煨豆腐穿行在深山老林里，遇到茶树就采摘，渴了喝溪水，饿了用煨豆腐下饭，到天黑才回家。

黑茶中有天尖、松针等品种，非常有名，都生长在老树林里，妇女们每天要采摘上百斤的新鲜茶叶。煨豆腐在采茶妇女中慢慢传播开来，成为老家的一种重要食物，并运用到其他季节。春天，农民开毛荒或者挖荒山，男人们干力气活，也要带饭，菜是煨豆腐和米粉肉；夏天，农民伐木，带煨豆腐下饭；秋天，农民摘桐子或茶籽，带煨豆腐下饭；冬天，农民修堤坝，还是带煨豆腐下饭。农民还把煨豆腐作为路菜，供经商、旅行时做下饭菜。

20世纪90年代，湖南的黑茶质量下降，销售和价格双双下跌。21世纪，农民在打工潮中扮演起主角，不再在老家开荒种地，也没人采茶种茶，茶园都荒废了，煨豆腐逐渐在农村消失了。近几年，很多老人开始怀念他们那个时代的煨豆腐，重新尝试着做童年的煨豆腐，满足记忆里的味道。

煨豆腐作菜的种类很多，也非常简单。素炒煨豆腐需要先把煨豆腐切成薄片，一厘米两至三片，在锅内加油烧开，豆腐片平铺锅底，小火慢煎。豆腐被煎黄或起小泡，翻动豆腐片，晃动菜锅，等另一面煎黄，加盐、辣椒粉、味精，稍微加点凉水，水收干即出锅。煨豆腐也可以炒辣椒或肉吃，待煨豆腐油煎黄后，加入青辣椒或新鲜猪肉片翻炒，至辣椒炒熟即可，味道极好，有鸡肉的感觉。煨豆腐还可以煨汤，将煨豆腐切片或切丝，开水煮十分钟捞出，加入鸡汤或肉汤文火熬煮半小时，味道极其鲜美清爽。煨豆腐也可以下火锅，把煨豆腐切成薄片，在火锅久煮不烂，吃起来细嫩滑爽。

煨豆腐吃起来格外坚韧清脆，滑爽细嫩，甘甜爽口，豆香扑鼻，是下酒、下饭的好菜，也可以做点心、零食吃，如果有时间细细品味，别有一番风味。细嚼慢咽之中，会感觉比猪肉更有味，比鸡汤更鲜美，有嚼劲、有韧性、有弹性，回味无穷。

霉豆腐

特殊的*存在意义*

霉豆腐是很多老家人都喜欢吃的一道菜，他们不用于下酒，而是用于应急。

霉豆腐在坛子里腌二十天到一个月，豆腐在坛子里再次发酵，霉彻底消失，成为一张皮，保护豆腐，豆腐变得酥松、软和，溢出浓浓的豆香。

在我老家大梅山深处，从立冬至立春之间的三个月时间，这短短的九十天里，也是我们所说的冬天，所有的溪水、井水为冬水，是做特殊食物的最佳时机。

冬天是老家磨豆腐的最佳时期，也是做霉豆腐的唯一时期，其他时候有人提出做霉豆腐，就会被当作笑话，引起人们异样的眼光。做好的霉豆腐，腌在陶瓷坛子里却能够吃上大半年，是一家老小最喜爱的食物之一。

我小时候，一块霉豆腐可以下碗饭，那咸咸的味道在口腔里游荡、回味，舌尖偶尔划过嘴唇，那股特殊的臭香味马上可以唤醒我的味觉功能。到了第二年三四月份，坛子里的霉豆腐渐渐少了，为了吃上一坨美味的霉豆腐，不惜用一块腊肉去与邻居交换。霉豆腐在老家冬季的食物里有着它特殊的存在意义，显示着这个家庭是否富裕与女主人是否贤惠。因为有霉豆腐的存在，一家老小在挨饿的时候可以果腹，在油腻的时候可以解腻，在没菜下饭的时候可以下饭，所以有很多人关注它、在意它。没有它的时候，人们会觉得有些缺憾，很想找到它尝尝，满足一下久别的味觉。

我老家梅山深处的圳上，妇女做霉豆腐不是她们的职业，也不是她们的专业，她们却做起来很敬业，比专业的还专业。霉豆腐是过年磨豆腐的　个副产物，却牵动家家户户的心。

春节对老家人来说，是个非常隆重的日子。可以这么说，他们一年四季的忙碌，就为了过一个好的春节。老家有句俗话"大人望着插田，小孩望着过年"，很好地反映了老家人的心态和行事风格。过年，其实是大家的期盼，不论是大人还是小孩，他们都在为过年做准备。每当进入下半年，大家开始计算着还要多少天就过年了。家里有人在外地打工，就与家里约了时间，告之什么时候回家过年，询问家里需要带些什么年货回去；家有子女在外地工作的，父母就会来电话，询问何时回家过年，他们好准备年货。

在老家过年，不是一件轻松事，他们要做很多准备工作，磨豆腐是其中一件非常重要的准备工作之一。过年磨豆腐，以家庭人口来决定多少，一般五六口人的家庭，他们磨豆腐的数量都很大。平时老家人吃豆腐，买四块豆腐，可以做两餐吃，切成小薄片，文火把两面煎黄，加辣椒粉或青辣椒炒一下就是一碗菜。过年磨豆腐，他们一改吝啬的习惯，都变得大方豪爽起来，豆腐不再加辣椒，而是加猪肉炒；数量也一改过去的习惯，用大品碗，一餐上两碗或者四碗，让家人吃饱吃好。所以，他们磨豆腐以桌计算，每家四五桌。过年磨的豆腐是自家吃的，精选自己种的最好的黄豆。黄豆的好坏以出浆来衡量，豆浆多的黄豆才是好的豆。产好黄豆与天气、水土有关，黄豆结荚时，遇上天气干旱，它就不会很饱满，颗粒干扁，浆水少，这样的年份，只能选择种在山坳里的黄豆。黄豆结荚时，遇上雨水充足，山坳里的黄豆吸水过多，虽然颗粒饱满，但很难落叶。黄豆有青荚，收割晒干的黄豆就会有皱皮，只能选择山坡上种的黄豆。

磨豆腐首先是选择黄豆，好黄豆才能磨好豆腐。女人们知道这个道理，在收割黄豆的时候，就开始做起打算，哪些黄豆磨过年豆腐。过年豆腐，人人都希望自己家的豆腐厚实，看起来不是那轻飘飘的。在其他时候，特别是那些专门贩卖豆腐的，他们做的豆腐看上去就不太扎实，一是体积非常小，过年豆腐做三十六块一桌的在他们手里分成了八十一块，二是豆腐比较轻飘，不到指头厚。

老家人不管家里磨多少水豆腐，他们都会做些霉豆腐，满足家人的味觉，让他们尝尝鲜。磨过年豆腐，集中在腊月份，有安排打算的家庭，他们有个规律：打完豆腐再杀年猪，这样就把共用的东西清理干净，不占着盘盆桶缸。也有人家喜欢先杀年猪，十一月底或者腊月初就把猪宰了，那主要是家里没有养猪的饲料，红薯、玉米、南瓜吃完了，只好把猪杀了。

磨好水豆腐，在榨干浆水之后，就要开箱，解开包袱，趁热用菜刀按隆槽把豆腐横竖划成方块，再一块一块地捡到筛子里，放置在通风空旷的地方，等豆腐慢慢凉下来，浆水随之滴干。如果没有榨干浆水的水豆腐，也许要多放两天，让它自然滴干。有经验的妇女，她们不急着把水豆腐收拾起来，而是把水豆腐放在空气流通的地方流干水分，让水豆腐硬扎起来。等她把要炸油豆腐的水豆腐炸完，收拾储存起来，再去管做霉豆腐的水豆腐。忙过两三天之后，水豆腐非常干爽、硬扎，缩水后的豆腐薄了一层。再把它们收拾起来，在筛子上铺一层薄薄的稻草。稻草需要梳去枯叶，斩去稻穗，铺在筛底。

女人们把滴干的水豆腐连同筛子一起搬到楼上的谷仓，让它在高温的谷仓里发霉。农村的冬天，只有窑洞和谷仓是最暖和的地方，温度高于我们的空调房。水豆腐经过一周的时间，慢慢变滑、发酵，长出一寸左右的白霉，那茂盛、茁壮成长的样子非常吸引人，对视觉有冲击力和震撼力，豆腐中间已经有很多气孔。女人从谷仓里搬出豆腐，放到空旷处，等待白霉倒掉。如果不从谷仓里搬出来，豆腐上的霉就会长到两寸多高，结满一个一个的孢子，慢慢倒下去，接着又会长出绿色的霉来，就像绿毛水怪。老家有种说法，长绿霉的豆腐不能吃。所以女人们时刻关注白霉的生长情况，隔三差五就要去谷仓看一眼；有人到谷仓取东西，她们会问问豆腐长霉的情况。

白霉在冬天的常温下，一两天就消失得干干净净，女人开始准备东西，做她们的霉豆腐。做霉豆腐除了豆腐之外，还需要姜米、辣椒粉、盐等作料。

做霉豆腐，姜是最重要的，一般一桌豆腐要两三斤老姜。农村妇女切姜，不习惯切成姜丝，认为姜丝没有姜味，她们喜欢把姜切成姜米。妇女们切姜米，其实是斩姜，把姜清洗掉泥巴后，刨去姜皮，扳开枝枝丫丫，放在砧板上一顿乱砍，等砍成细末为止。

霉豆腐对辣椒粉要求很高，一般不直接购买市场上的辣椒粉，而是使用秋天自家晒的红辣椒，在冬天里再晒晒，如果天气不好，就用柴火炕干。女人们做辣椒粉，第一选择是石臼即碓坑；第二选择是石磨。红辣椒焙干之后，放入碓坑中，舂起来的铁毂砸下去，干红辣椒被砸得四处飞溅，砸到的就成为碎末，经过连续的舂砸，就成为粉末，这辣椒粉没有市场上磨的那么细，与辣椒籽大小差不多，看上去都是小碎片。碓坑砸干红辣椒是非常呛人的，女人在劳作的时候用湿毛巾或面纱蒙上鼻子、嘴，有时还戴上斗笠，像压跷跷板一样用脚踩一头的木板，把铁毂吊起，再砸下去。石磨磨红辣椒粉，辣椒需要焙得非常干燥，并把红辣椒剪细，才能放进石磨的孔里。石磨只能轻轻推动，不然辣椒面就会到处飞舞，飘散开来。把磨好的辣椒粉铺在一个大竹盘里，豆腐切成丁，放入辣椒粉中。豆腐丁可以根据个人喜好和豆腐的厚薄来切。老家的豆腐，因豆好、豆浆好，水豆腐有寸多厚，生了霉以后还有寸把厚，喜欢吃小块霉豆腐的要把豆腐切成两片，再切成条切成丁；一般人家，受梅山粗野之风的影响，喜欢厚大结实的东西，饮食也不例外。所以他们不切薄，随豆腐厚薄来定，大的如骏枣，小的如指头。豆腐切丁在辣椒粉里滚一圈，沾满辣椒粉，拌上姜米、盐，再一块块紧凑地排好，码完一层，再撒层姜米、辣椒粉，再码一层，码完盖上坛盖子，密封储存。有讲究的家庭，在豆腐上淋些植物油，一般用茶籽油烧开，凉了再淋，也有用菜籽油烧开淋的，淋了油的辣椒粉没有那么辣。坛子必须密封，一般在坛沿上加水，也有用植物油的，密封性更加好。

霉豆腐在坛子里腌二十天到一个月，豆腐在坛子里再次发酵，霉彻底消失，成为一张皮，保护豆腐，豆腐变得酥松、软和，溢出浓浓的豆香。食盐在发酵中融化，渗入豆腐中，豆腐慢慢收紧。如果食盐过多，豆腐就会很紧凑，甚至很硬。姜米经过发酵，散发出浓浓的姜味，姜味渗入到豆腐里，豆腐有着咸咸的味道，只要揭开盖子，豆香味就会飘逸出来。辣椒粉经过一段时间的腌制和发酵，爆发出浓烈的辣味。

在老家，霉豆腐一般上不了酒席和台面，春节十五天，没有人家吃霉豆腐，最多家里几个人吃饭，觉得其他菜不好吃才夹两坨霉豆腐。霉豆腐是很多老家人都喜欢吃的一道菜，他们不用于下酒，而是用于应急。小孩放学回家，已经饿得不行，家里只有剩饭，来不及做菜，就用现成的霉豆腐下饭，一两块霉豆腐就可以吃碗饭。第二年刚开春，萝卜白菜已经绝迹，其他菜蔬也很少，春耕季节农活比较多、比较累，很多时候农民干完活回到家，又过了吃饭时间，又饥又饿，很想早点吃饭，只好架起锅，急急忙忙煮了饭，就着霉豆腐下饭。

油豆腐

荤宴素席兼用的佳品

久煮的油豆腐，吃起来非常柔软，已有一层薄皮，里面的豆腐像蜂窝一样，比较脆酥，散发出清香的豆香味，很是迷人。

瓷坛保存油豆腐，半年不变味，不发卤。聪明的女人，掌握了瓷坛的性能，油豆腐可以收藏到第二年夏天，吃起来味道还一样的鲜美。

在老家梅山深处，春节有几道必不可少的菜要摆上过年的餐桌，油豆腐是其中的一道。小时候，我经常能够吃到母亲做的油豆腐，却无法体会其中的用意，等我离开家乡，移居大都市长沙之后，再也无法吃到那可口的油豆腐了，才知道油豆腐是那么的珍贵、美味。母亲知道我喜欢吃她做的油豆腐，每年春节前后，有亲朋好友来长沙，她就会委托别人带些腊肉和油豆腐给我。我如获至宝，把它们储存在冰箱里，隔段时间煮一碗，与家人分享。

油豆腐就是老家主要的过年豆腐之一。每当腊月临近，女主人就要考虑磨过年豆腐的事情。过年豆腐是从打豆腐那天开始吃，要吃到元宵节以后，其中经历的时间最少也有二十天以上，所以使用量非常大，采用的保存方式也多种多样。

我家磨过年豆腐，一般在腊月中旬，从腊月十五开始，母亲就要我们姐弟几个准备干柴，特别是烧浆时用的杉树枝。杉树枝是农村砍柴时被遗弃的东西，农村有句俗语"活也咬人，死也咬人，黄皮寡瘦更咬人"，就是形容杉树枝上的针叶。杉树枝在磨豆腐煮浆时，却是一种最好的燃料，只要烧一把两把火的时候，用杉树枝的针叶烧火，大火过后，不会留下多少火星，温度会马上降下来。冬天，杉树枝浓绿如墨，刚砍下来的杉树枝很难晒干成红色。在农村，准备建房子的人家，一般在秋季选择砍杉树，砍倒后剥去树皮，杉树枝被收集起来运回家，只剩下杉树叶没人要。我们磨豆腐，正好只需要杉树叶，把它收集起来堆成一堆，捆成一捆一捆的，背回家或挑回家，跟其他毛柴放在一起，作为磨豆腐时用的特殊柴火。

磨豆腐需要两种柴，一种是烧浆用的毛柴，一种是烧开水用的棍子柴。棍子柴是粗棍子，多是杂木，小如指头，大可做栋梁，在没有用于做板材的时候，都把它们用于做柴火，磨豆腐的时候，用棍子柴烧开溪水；毛柴是棍子柴的枝叶，那细枝末叶带着树叶，容易着火，燃烧时火力大，又容易烧完，没有持久性，用于烧浆，豆浆烧开的时间不需要很长，锅子、灶、豆浆都是热的，很容易烧开。

磨过年豆腐是每户人家的大工程，不是平时随便磨点豆腐了事，而是需要磨好几桌，女主人要用自己最好的状态来磨豆腐。磨过年豆腐之前，女主人会有个系统的安排，一是磨豆腐的时间，二是磨豆腐的人员，三是磨豆腐的人员分工。我家磨过年豆腐，一般要两三天，人多、手脚快的家庭每天可以打出六桌豆腐。磨过年豆腐，需要的人员比较多，一般为五个人，一个人专业挑水，一个人掌握点浆的技术和上箱时间，一个人烧火，两个人推磨磨豆浆，这是最简单的组合。有的家庭，磨豆浆安排三个人，一人喂浸泡的黄豆碎瓣，两人推磨，上箱也独立起来，由一个人专门负责。

磨过年豆腐的时间安排妥当后，开始精选黄豆，要捡去黄豆中的沙子、杂物和干扁的、虫蛀的黄豆。精选过程先是过筛子，筛子用绳子吊着或两只手端着，按着顺时针方向来回荡动，黄豆在筛子里翻滚、颠簸、旋转，其中的杂质和干扁的黄豆就抟到了中间，浮上来成为隆起的一堆，女人停下筛子，伸手捡去那杂质和干扁的黄豆。筛选以后，再进行手工遴选，选出虫蛀的黄豆、黄豆里的沙子及其他无法筛选的杂质。这样一粒粒地翻看，遴选出来的黄豆才粒粒饱满，才是我们磨豆腐的绝好原材料。

接着，磨豆腐的工作正式开始。首先是破豆子，把完整饱满的黄豆经过古老的石磨转动把皮破开，磨成黄豆碎瓣，磨豆腐的碎瓣不能太细，否则就是黄豆粉。大把大把的黄豆塞进石磨嘴里，经过石磨的研磨，一粒黄豆被磨成四至六块碎瓣，这是最好的。有的磨成两半，很有可能是黄豆本身不干燥，在浸泡的时候，浸泡的时间就需要很长，磨浸泡的碎瓣也会出浆不充分，豆腐渣多，且粗糙；磨得太细，就磨成粉末，冷水浸泡，就漂浮水面，磨豆浆时没有浆，随着浸泡的冷水流失，甚是可惜。女人们在把黄豆磨成碎瓣的时候，想出了很多的办法，有的把黄豆倒在石磨上面一块的磨盘里，再在磨嘴里塞一把筷子或者小棍子，黄豆在棍子中挤扭着进入磨嘴，在两块石磨片子之间的重力的转动中磨碎，成为碎瓣。有的人家人手多，就一个人推磨，一个人喂黄豆，磨盘转一圈，喂十粒八粒黄豆，这样破的黄豆的碎瓣大小合适，出浆明显多。

破好的黄豆，首先要经过粉筛，把黄豆皮筛出来，磨得太细的黄豆粉就筛在底下的竹盘里，黄豆皮就在黄豆碎瓣里漂浮，最后抟到中央，成为一堆，抓出黄豆皮，再继续筛，直到把黄豆皮完全筛出来为止，剩下的就是黄豆碎瓣。

磨豆腐，黄豆碎瓣要用冷水浸泡一夜，切忌用温水或者开水浸泡，否则浆水少。磨一桌豆腐，大概要六斤黄豆碎瓣，黄豆破皮以后，重量一般减少不多，体积缩小厉害，碎瓣之间的间距减小。浸泡豆瓣，一般是两升黄豆碎瓣，加两瓢或者三瓢冷水，甚至要加更多的冷水，经过整夜的浸泡之后，黄豆碎瓣完全泡发，有我们常见的提水铝桶一桶。这样浸泡好的黄豆碎瓣，磨出来的豆浆才洁白无瑕，如炼乳一般。磨过年豆腐，一般每天可以磨五六桌，女人们会按着时间顺序依次浸泡黄豆碎瓣，绝不是同时浸泡。

磨豆浆之前，石磨及豆浆槽都要清洗干净，最好用开水烫洗。石磨凉下来之后，再磨豆浆。湿漉漉的石磨非常沉重，一个强壮的男劳动力有时都推不了多久，所以推磨的磨弯根要吊在横梁上。磨豆浆，最好是两个高矮差不多，力气一样的人同时用力推磨，既能坚持长时间的劳作，又不感觉到很累。喂浸泡好的黄豆碎瓣，可以由弱体力者胜任，只要他（她）手脚快捷就行。浸泡好的黄豆碎瓣桶放在石磨旁，人站在桶后，用瓷勺一勺一勺地喂到石磨嘴里。石磨转两圈，喂一勺兼水的黄豆碎瓣。喂黄豆碎瓣的人手的动作要快，要喂得准，石磨嘴的直径只有一寸左右，并且是圆形孔，黄豆碎瓣要喂进石磨巴里，否则就无法掉进磨片间。石磨转动，洁白的豆浆从磨片间涌出来，慢慢随着石磨周沿留下来，滴进豆浆槽里，再流进豆浆桶。浸泡的黄豆碎瓣全部磨完之后，喂黄豆碎瓣的人用勺子把石磨周沿的豆浆全部刮下来，刮到豆浆桶里，没有刮干净的豆浆，用烧开的水冲洗石磨，豆浆随水流到豆浆桶里。

豆浆连桶抱进厨房，倒入锅内，把豆浆烧开，用土布做成包袱，过滤豆渣。在锅上架个小木梯，上面放个炭筛，炭筛上铺层土布。土布就是我们常说的包袱，把煮开的豆浆倒到包袱里，慢慢牵动包袱的四个角，豆渣在包袱上堆积一层，这样慢慢地牵动、抖动，豆浆中的水通过包袱渗透出去，滴在锅里。最后，把豆腐渣过滤出来，成为纯净的豆浆，豆渣需要用大力气去揉压，这样才能把豆浆水挤压出来，等挤压干净了，剩下的就是豆腐渣。

我们老家有个习俗，磨过年豆腐，要煮碗豆腐渣吃，豆腐渣熟之后，加切成丁的青辣椒翻炒，再加盐、味精即可出锅。另外一种吃法，是把豆腐渣做成丸子，即豆腐渣粑，在豆腐磨完之后，把所有的豆腐渣收集到一块，捏成拳头大小的丸子，让其生霉，再蒸熟，晒干或者熏干，切成片煎着吃，味道极其鲜美。

豆浆要加入熟石膏水才能凝结成豆腐。生石膏是一块一块的结晶体，半透明物质，形状像石头，从商店买回来以后，在火坑里煅烧，把烧熟的石膏研磨成白色粉末，每桌豆腐大概要一两左右的熟石膏粉，调成水剂，等锅里的豆浆即将烧开时，倒入锅内，搅拌一下。石膏不能太多，若太多，一是石膏把豆浆吃掉，豆腐很薄；二是炸的油豆腐里，石膏粉结在一起，无法吃。加把杉树枝，豆浆就烧开了，倒入豆浆桶，盖上盖子。几分钟之后，豆浆水开始澄清，接着打去泡沫，就可以看到凝固起来的豆腐，即豆腐脑，等豆腐脑可以插得稳筷子，就可以上箱压榨。

压榨豆腐，需要地面比较平整，地上放个大木桶，木桶上横铺一架梯子，放上豆腐箱，箱里铺上包袱，一瓢瓢把凝固的豆腐舀入箱里，凝结的豆浆粘合在一起，舀完豆腐，提起包袱的四个角，收紧包袱，盖上盖板，压上石头，浆水滴在木桶里。等几分钟之后，搬掉石头，削下粘在包袱上的豆腐，再次收紧包袱，盖好盖子，压上石头，最好增加石头的重量。两三个小时之后，豆腐的浆水被压榨干，可以开箱。先搬掉石头，提起盖板，去掉箱框。撕开包袱，沿着豆腐上的印槽，用刀划成块。

炸油豆腐，不是刚开箱的水豆腐就可以炸的，还要把豆腐的水滴干，自然冷却之后才行。女人们炸油豆腐，在打完过年豆腐之后一两天才开始。炸油豆腐需要好柴火，最好是干柴，也有人家没有剩余柴火时，只好搞湿柴来生火，湿杂木生火，只要燃烧之后，会有大火和火星，只是有些烟，熏人而已。

炸油豆腐需要一个会生火的人来协助，生火时常要摸两样东西，一是柴火，二是火钳，这些东西很邋遢，炸油豆腐常常要切豆腐，轮回换，难洗手。生火一人，炸豆腐一人，这样分工明确，速度会快些。小时候，我在家里，每年炸油豆腐，就帮母亲生火，做她的帮手。

炸油豆腐，一般采用植物油。农村的植物油有三种，即菜籽油、茶籽油、花生油等，用菜籽油的人家最多，每家每户都有菜籽油，炸出来的油豆腐颜色深，看上去有点黑灰色，晒干就有些老色了；茶籽油炸出来的油豆腐最好看，那金黄灿烂的油豆腐，色气很好；花生油炸豆腐的比较少，但炸出来的豆腐有花生炒熟的芳香；也有家庭用猪油炸油豆腐，猪油炸的油豆腐颜色比较嫩，带嫩黄色或米黄色，吃起来质地比较柔软。

炸油豆腐，先把一锅植物油烧开，检测一次，再把整块豆腐切成两片，以对角交叉切两刀，一块豆腐切成八个匀称的三角板，一锅可以炸四至六块豆腐，切好三角板的豆腐刚好一菜碗。也有人家把豆腐切成方丁的，炸出来的油豆腐看上去鼓鼓的，像豆腐丸。据我所了解，衡山的油豆腐是切丁的。

炸油豆腐，水豆腐沿锅沿轻轻地倒入锅里，否则油会溅得到处都是。豆腐滑进油锅，油立刻噼里啪啦响开了，翻滚着，冒着浓浓的白雾。等白雾慢慢变清，再用捞豆腐的漏斗推油里的豆腐块，让其不粘锅。炸一会儿，油豆腐渐渐炸空，慢慢浮起来，鼓得老大。等油豆腐炸透，把油豆腐捞起，放进事先准备的盘里或桶里，撒上食盐。经过两三天的冷却，食盐化成水，慢慢浸入油豆腐，油豆腐鼓起的气囊渐渐收缩，回复到切豆腐时的大小。这时，油豆腐色泽金黄，内如丝肉，细致绵空，富有弹性。

这样的油豆腐，在冬天只能够保存十天到半个月，要想保存得久，必须晒干或熏干。把腌了盐的油豆腐散在竹盘里，放在太阳底下暴晒几天，再挂在火坑上，让柴火慢慢熏烤，直到油豆腐很干燥为止，再放到瓷坛里收藏。

瓷坛保存油豆腐，半年不变味，不发卤。聪明的女人，掌握了瓷坛的性能，在坛底铺层最好的栗木炭，用报纸隔开，上面放油豆腐，再密封起来，这样保存的油豆腐可以收藏到第二年夏天，吃起来味道还一样的鲜美。

我家每年最少要炸六桌以上的油豆腐，这些油豆腐晒干以后，给我们几姐弟一些，还有一些送给来拜年的亲戚朋友。

油豆腐是春节的一道主要菜蔬，做法很特别。年肉煮好以后，从初一到十五，不再煮年肉，每餐把吃剩的与切好的年肉拌在一起煮，煮的同时，还加入油豆腐一起同煮，等肉煮好之后，把油豆腐从肉中夹出，装到另外一个碗里，上桌时就是一碗纯油豆腐。

小时候，我们在春节不吃油豆腐，大人们吃了肉后，说肉吃腻了，吃个油豆腐解解油，他们吃了油豆腐，就品评油豆腐如何好吃。其实，油豆腐是介于豆腐与肉之间的美食，肉油腻，豆腐不油腻，油豆腐兼顾两者的优点，当然是最美味的。在我眼里，油豆腐要吃炸好以后不加盐的，等一两天之后煮着吃，久煮的油豆腐，吃起来非常柔软，已有一层薄皮，里面的豆腐像蜂窝一样，比较脆酥，散发出清香的豆香味，很是迷人。

　　没盐的油豆腐不经收，农民为了吃新鲜，只留一两碗不撒盐的，准备现吃，其他的油豆腐都要撒盐。晒干或熏干的油豆腐，就会中间板紧，咬下去有弹性、韧性，晒得太干，油豆腐里面的海绵状蜂窝会结板，成半透明的黄色晶体，水久煮之后很有韧性，咬起来很有弹性，如果油豆腐起霉，结板的地方会越来越多，大部分的豆腐都会结板，结板处不再成黄色晶体，而是白色，带点卤味。

　　我在城市生活了十几年，形成了一种自己做油豆腐的吃法，用父母给的腊肉煮油豆腐，把腊肉洗干净后，切成薄片，再把腊肉与油豆腐一起同煮。腊肉煮熟之后，倒掉汤水，加姜、蒜等物翻炒，炒几分钟出锅即可食用。

　　油豆腐可做蒸、炒、炖的主菜，也可做各种肉食的配料，是荤宴素席兼用的佳品。油豆腐切块做汤、炖肉，汤味清香，久炖不烂；切丝配肉丝、豆芽、粉条混炒或凉拌，其味更鲜。我所知道的油豆腐名菜有苦瓜油豆腐汤、油豆腐粉丝、油豆腐塞肉、素蒸油豆腐、油豆腐蒸鱼等，在湘南地区的蓝山县瑶族人家，还有一道奇怪的菜叫翻豆腐，也是油豆腐做成。

盐胡葱

追忆童年

胡葱晒成腌菜，

成为最香的腌菜。

胡葱不仅通体碧绿，深埋于地下的根茎有冬天白雪般洁白，值得文人讴歌和赞美。

　　胡葱在我老家乡下叫胡叶或胡也，是小时候冬天采挖的时新菜蔬之一。胡葱的根部宛如蒜头的小疙瘩，白白嫩嫩如凝脂一般，我们俗称薤白，记得汉乐府民歌《薤露》有云："薤里谁家地？薤上露，何易晞！露晞明朝更复落，人死一去何时归！"

　　童年的冬天，总是有段白雪皑皑的日子，我们的饮食极其单调乏味，除了经得起霜雪冰冻欺压的萝卜、白菜之外，很少有种植的蔬菜存活。农民主要吃夏秋准备的干菜或腌菜来熬过漫长的冬季。隆冬季节，农民开始冬耕，水田浸冬，土地深挖。挖过的土地在严寒的冬天会长出一些绿色的小苗，一般有两三寸长，那就是胡葱。

　　我很喜欢采挖胡葱，一是寒冬刚过就可以到土地里去寻找，有说不尽的野趣；二是凡摘过胡葱之手，清洗几次以后，手上仍是余香缕缕，那股香味是极其迷人的。越过冬天的严寒，返回萧条的土地，胡葱从草堆或植物腐烂物的地方冒出来，三三两两地散落开来。这样的胡葱长得比较长，有五六寸，翠绿的葱苗笔直伸展。回暖的山村，不仅花草开始繁茂，地里也热闹起来，孩子们成群结队地背着背篓，带着小锄头，来到向阳坡上挖胡葱、鼠蓲。放学的孩子散满山坡，他们拿着小锄头到处寻找，一看到零散长出土的胡葱，舍不得用手去拔，怕拔断了，用小锄头挖，连根带须挖出来，敲掉土块，拿在手里，欣喜如狂。孩子们一会儿分散开来，一会儿又聚拢起来，他们分散是为了搜寻各自的目标，挖得最多的胡葱；他们聚拢是为了分享采挖的喜悦，炫耀自己的收获。谁采到的胡葱最多，谁家的晚餐就越丰盛。所以，小伙伴们既是好朋友，又是竞争对手，谁也不愿意输给谁。

　　胡葱别名火葱、青葱、蒜头葱、瓣子葱、冻葱、葫葱、冬葱、回回葱、蒜葱、分葱、科葱、亚实基隆葱，嫩叶及鳞茎可以作调料，鳞茎可以作腌渍原料，很多人家做腌菜。冬季生叶，夏季枯萎，叶圆筒形，绿色，端尖，柔软。须根，茎短缩呈盘状，叶着生于茎盘上，叶长15～25厘米。分蘖性强，能形成鳞茎。鳞茎倾斜，长卵形，长3厘米左右。数个鳞茎密生聚集，基部相连，接合部分挤成棱角形。鳞茎外皮赤褐色或铜赤色，耐贮藏。植株晚春开花，花茎中空，花淡紫色或黄白色，伞形花序，顶生，花期3～4月，不易结子。极少结果，果为蒴果。种子黑色，圆三角形。取用鳞茎者，切去须根，除去鳞片叶，洗净泥沙，鲜用或晒干备用，或全株洗净泥沙作鲜蔬用。

　　我们吃新鲜的胡葱比较少，最多的是把胡葱晒成腌菜。胡葱采挖回来以后，剥去外皮，洗掉根须上的泥土，就明显地分成绿白两色。胡葱放在通风干燥的地方，经过两三天就风干成黑色，再切成一厘米左右长一截，有的干脆不切，直接放进瓷坛子里，腌起来，成为最香的腌菜，吃到时候从坛子里取出来。

文献记载，"马志云：胡葱生蜀郡山谷，状似大蒜而小，形圆皮赤，梢长而锐，五月、六月采。保升曰：葱凡四种，冬葱夏枯，汉葱冬枯，胡葱茎叶粗短，根若金灯；葱生于山谷。颂曰：胡葱类食葱，而根茎皆细白。或云：茎叶微短如金灯。或云：似大蒜而小，形圆皮赤，梢长而锐。李时珍曰：胡葱即蒜葱也，马志、韩保升所说是矣，非野葱也。野葱名茖，似葱而小。胡葱乃人种莳，八月下种，五月收取，叶似葱而根似蒜，其味如薤，不甚臭。江西有水晶葱，蒜根葱叶，盖其类也"。李鹏飞《延寿书》言胡葱即子，盖因相似而误尔。今俗皆以野葱为胡葱，因不识蒜葱，故指葱为之，谬矣。

胡葱原产于中亚，我国以华南地区栽培较多，特别是广州等地，北方栽培较少，需从南方运进。胡葱多长于干旱贫瘠少人烟的山梁野谷，清明时节最为茂盛，人们在上坟祭祀之余顺便摘些回家。过了这段时间，胡葱就开始慢慢老去，再也没人采挖。

我最喜欢吃的是胡葱炒饭，用米饭配胡葱炒制而成的，胡葱香味特别浓，比香葱炒出来的饭菜要香。米饭最好用热米饭，这样炒出来的米饭松散好吃，胡葱的香味全部被米饭所吸收。其次是胡葱炒腊肉，腊肉不能用大块的，而是切成筷子大小的丝，一寸长短，把油炒掉，再加胡葱炒，加红辣椒丝，味道极其鲜美，特别是胡葱的香味渗入腊肉，腊肉除了咸香，还有胡葱的香味。

在江南一带，有最古老的胡葱菜肴。南宋年间，杭州熟食野味有胡葱野鸭。清明时节，江南妇女做的团子，分甜馅和咸馅，咸的就是用豆腐干、雪里蕻、春笋、胡葱四菜炒制，做团子的馅。常州冬至夜有胡葱煮豆腐，谚云："若要富，冬至隔夜吃胡葱笃豆腐。"苏州冬天把胡葱储存在陶瓮里，瓮底浇些水，等到下雪的日子，胡葱最外面的叶子干枯，中间绿色依旧，新长出来许许多多的葱管，嫩黄色如韭黄。葱管厚实茁壮成长，用它烧蟹粉面，味道极美。太湖洞庭东山有胡葱炒鸡蛋，色彩黄绿映衬，好看又好吃；胡葱烧塘鳢鱼，浇上浓油赤酱，味道也很好。

中医说胡葱温中下气，味辛，治水肿、胀满、肿毒。《食疗本草》载："主消谷能食，利五脏不足气。久服之，令人多忘，根发痼疾。又患胡臭、䘌齿人不可食，转极甚。亦伤绝血脉气，多食损神，此是熏物耳。"

每到初春，我都要去乡间找些胡葱，做一餐胡葱炒饭，如果胡葱多的话，还要做一道胡葱炒腊肉，来满足那记忆的味觉。

红糖水卧鸡蛋

妈妈的味道

糖水微甜，也不油腻，容易入口。蛋白很脆爽，咬起来又筋道。蛋黄瓷实，有紧促感，没有泥腥味。

母亲生了我们四个小孩之后，身体比较羸弱。问遍了民间偏方。最后有个亲戚告诉她一个方子，用红糖水冲鸡蛋吃可以补充体力和复原身体，母亲就想试试。

小时候，红糖是我们农村难得吃到的美味之一。只有家里女人生孩子坐月子的时候才能吃到。在我们家，母亲有个习惯，喜欢在过年的时候买几斤红糖收藏在家里，以备不时之需。

母亲生了我们四个小孩之后，身体比较羸弱。在我记事以后，常见母亲求医问药。在那艰难的20世纪90年代初的梅山腹地新化农村，母亲的身体虚弱到了最低谷，很多时候连起床行走都困难。母亲为了完成家里的田地劳作和家务，想尽了办法，问遍了民间偏方。最后有个亲戚告诉她一个方子，用红糖水冲鸡蛋吃可以补充体力和复原身体，母亲就想试试。

红糖当时在农村属于补品之类，虽然价格不高，但供应不是很充分。只有家里有坐月子的女人，男人才想办法去供销社买点红糖，用来为女人补血、补气。

我们家的亲戚多，每到春节临近，父亲都要准备好糖、酒、糍粑等拜年的礼物，一般要一次性购买五十份拜年的礼物，加上亲戚来拜年送的，上百份礼品送到亲戚家。在这个时候，才体现了父亲的价值。他与供销社的干部关系好，可以轻轻松松买到几斤优质红糖。父亲把红糖买回家，交给母亲，母亲小心翼翼地放在二楼的谷仓里，保持红糖的干燥，不让它融化或者结块。我们家四个小孩，喜欢喝白砂糖泡的糖水或茶，不喜欢喝红糖水。这也让母亲能够独享这有限的红糖，补充身体的能量。

红糖水冲鸡蛋的制作方法很简单，用一个大菜碗，把两三枚鸡蛋打破蛋壳倒入碗里，用筷子把鸡蛋搅散，舀两三勺红糖放在上面，再加一勺猪油，用烧得滚开的开水倒入菜碗里，马上用一个更大的菜碗倒扣在盛蛋汤的菜碗上。等十五分钟左右，碗里的鸡蛋、红糖、开水等就泡成了红糖水蛋花汤，汤呈红色，有点甜。

红糖水冲鸡蛋吃起来有两个缺点，一是鸡蛋汤里的鸡蛋有点土腥味，鸡蛋花一般只有七成熟，绵软有韧性，有讲究和洁癖的人无法吃下去，只有我等糊涂人才吃得下。二是鸡蛋汤使用的油是纯炼猪油，吃起来太油腻，让人很容易产生一种心里腻味的感觉。

红糖水冲鸡蛋母亲吃了大概一年，其间，父亲和我们四个孩子都吃了一些，她还是没有坚持下去把那些红糖吃完。有时候母亲给我们几个小孩做类似的鸡蛋吃，我觉得红糖水太甜腻，特别是猪油很油腻，吃了就打饱嗝，肚子胀得圆圆的。在以后的制作中，我强烈要求母亲给我做蛋花汤只放一勺红糖，一粒豌豆大的猪油。这样吃过多次，再没有觉得很油腻了。

不久，母亲又从另外一个亲戚那里学会了一种新做法，改变冲蛋的方法，用荷包蛋直接卧在红糖水里。其实，这是我们农村女人坐月子的时候最常见的吃法之一。

我见母亲做过红糖水卧鸡蛋，她把菜锅洗干净，在灶上烧干锅里的水汽，放上炼猪油，倒入半锅水，大火烧开，直接把鸡蛋敲破蛋壳，把鸡蛋打入开水里，不搅散，也不急着去铲动刚入水的鸡蛋，等到锅里的水煮出蛋白的碎沫沫，再用铲子沿锅底铲，把鸡蛋铲脱锅底，让成形的鸡蛋悬浮在开水中，等整个鸡蛋在开水中慢慢煮熟。最多是在鸡蛋久煮还不熟的情况下，用铲子在蛋白中心裹蛋黄的位置铲一铲，让蛋黄裸露出来，容易煮熟些，不成溏心蛋。母亲在菜碗里放一两勺红糖，把煮熟的荷包蛋连汤带蛋舀入碗里。一般一碗只舀一两个荷包蛋，再舀大半碗汤，看上去，碗里如睡着一两个白色的素美人，红白相衬，美丽悦人。

这种红糖水卧鸡蛋的糖水微甜，也不油腻，容易入口。蛋白很脆爽，咬起来又筋道。蛋黄瓷实，有紧促感，没有泥腥味。但是，不宜多吃，一两个即可而止，否则很容易吃饱。

此后，我家每到腊月或者元月，我们几个孩子回家过节，或者有至亲到访，还没有到吃饭的时候或者我们已经饿了，饭还没有熟，母亲就用红糖水卧两个鸡蛋，给我们解决饥饿。吃完红糖水卧鸡蛋，我们再接着吃饭。

一个香茶杯子十样菜

爱酒之人的下酒菜

我喜欢吃很薄的鸡蛋皮，觉得鸡蛋煎出的香味很醉人。

我吃韭菜炒蛋的韭菜，还有个习惯，喜欢把韭菜上的油液和辣椒粉等抹在热米饭上，单独吃。这样吃起来，韭菜就干净了，没有其他的杂味在其中。

我小时候喜欢听人讲故事和谈论古今，他们中很多人稍微能认识几个字，就喜欢钻牛角尖和认死理，挖那些稀奇古怪的村野故事讲给我们这些小孩听。

说有一位书生进京赶考，一天投宿酒家，点了酒和菜，他要十样菜，只要用一个香茶杯子装了送他房间即可。他在房间里等了一个晚上，一直没有见店小二送酒、菜来，就在房里喊店小二。店小二赶来，问清楚情况后说，本店只有小茶杯子，没有装得下十样菜的大茶杯子，派人去买大茶杯子去了。书生叹息说，我是要你给我来一道韭菜炒蛋，不就是十样菜了吗？我在家里特别喜用这道菜来下酒，请快点上。

在我家乡梅山腹地的新化农村，20世纪90年代初，韭菜炒蛋是一道好菜，也是难得一见的家常好菜，更是那些爱酒之人的下酒菜。

新化农村家家户户都养鸡，鸡蛋在农村比较常见。农村难得一见的是韭菜，韭菜在农村的吃法比较单一，主要是用于炒鸡蛋、炒河虾等。农民的土地有限，他们要种植经常食用的蔬菜来满足家庭的需求，种植韭菜的人家相对少些。

农村有个故事，一位长期生活在城市里的先生骑着驴子去乡下游学，看到农村到处是一丘一丘的麦田。早春的麦子绿油油的，正好一尺高低，有些像韭菜。先生就说，现在农村的生活好呀，大片大片地种植韭菜，他们怎么吃得完呢？

我们小时候听了笑得前仰后合，这不是典型的"四体不勤，五谷不分"吗？

与这个故事有着异曲同工之妙的主人公是我妻子。她五岁的时候，春节随父母从西北大漠回四川老家探亲。亲戚家的小朋友带她去地里玩，她看到大片的麦田里长得茂盛的麦苗，摘了一大把拿回家，找她母亲给她包饺子吃，笑得亲戚们腰痛。

20世纪90年代初，新化农村的生活条件还比较差，农村没人家可以餐餐吃炒鸡蛋下饭，鸡蛋炒韭菜、鸡蛋炒辣椒是他们的当家菜和贵宾菜，要有尊贵客人来家里才能做。

新化农村，到处是大山，种地的农民与城郊的菜农有着明显的区别，他们的种植为了自满自足，菜农的种植为了换取金钱。种植韭菜，需要把地整成一小畦一小畦的，并且要土壤肥沃，施足够多的肥料才能长得茂盛，否则长得很惨淡，长不高。

我小时候喜欢吃韭菜炒蛋，母亲也喜欢养鸡蓄蛋，经常养二三十只母鸡下蛋，家里每天都有母鸡下鸡蛋。我们捡了这些鸡蛋，除了一周母亲煮一大铁锅荷包蛋之外，四个小孩隔三差五地在早餐时煎两三个鸡蛋吃了去上学，我家还有鸡蛋出售。

母亲为了改变用辣子粉或者青辣椒炒鸡蛋给我吃的固定模式，她从亲戚家挖了些韭菜蔸回来，准备自己栽种韭菜。我把韭菜蔸种在我们屋边南面的菜地里。那里有块小坡地，两三平方米，母亲见种菜容易沙土滑坡，就没有动，我见韭菜不多，没有深翻地，而是用小锄头挖坑，埋下韭菜根，常搞些草木灰散在上面。开始一两年，我们照顾得好，韭菜长得青翠茂盛，隔得一周又可以割一次，可以一次长四五寸长。我们的煎蛋除了加辣椒粉或青辣椒之后，也偶尔可以改变一下固有的形象，用韭菜代替辣椒，成为绿色与黄色融为一体的韭菜炒鸡蛋。

母亲不太喜欢吃煎蛋，她的饮食习惯很少做油煎、油炸的菜肴，就是稍微煎一下以后总要加水煮开。母亲的这一做法，被我妻子戏说为任何菜都是一瓢水煮出来的。其实，我妻子出生在西北，不了解新化农村的饮食习惯和风俗。任何菜肴到后面都加水煮，他们叫做祛火，这是新化农村饮食的特色和新化农村人的生活习惯。

农村人说"病从口入，祸从口出"，病都是自己从嘴巴吃进去的。新化农村，农民认为吃东西煎炒或者油煎火燎容易上火，他们害怕自己生病或者疾病缠身，从饮食习惯开始，谨小慎微。他们的这种行为，就是爱惜自己身体，远离疾病。

我家的韭菜炒鸡蛋主要出现在早晨的餐桌上。农村早晨下地顶半个工，父母起床后就下地劳作，要我们小孩煮饭。到饭煮熟之后，母亲就回家炒菜。我们准备食材，她负责炒熟，然后一同吃早饭。

孩子们有的时候起床晚，除了分工协作，还要做些其他的事情，或者到地里去拔菜、洗菜、切菜等活。母亲在地里劳作一阵回来，看到还没准备好食材，饭也已经熟了，我们又急着要去上学。母亲最简便、最快捷的办法就是煎鸡蛋给我们吃。她就打开橱柜的抽屉，拿出两三枚鸡蛋。

母亲吩咐我到地里去摘一把韭菜，我拿上镰刀，跑到屋南面的菜地，手起刀落，割四五蔸韭菜。地里的韭菜长得不是很好，却没有杂草。我割韭菜不割蔸子，只割叶子。边往家走边掐掉韭菜

上的黄叶，舀一瓢清水洗一下，直接放在砧板上，切几刀，就是两厘米左右的段。

母亲洗完菜锅，端到灶上，火塘里烧起熊熊烈火，锅里放入菜籽油，用菜勺在锅底荡漾开来。母亲把鸡蛋在锅沿上磕破，倒入鸡蛋浆，两个鸡蛋的蛋浆全部倒入之后，转动菜锅，用荡过菜籽油的菜勺荡开蛋浆，煎出薄薄的蛋皮。母亲用菜勺铲成一寸大小的蛋条，再铲成一寸见方的蛋块，倒入切好的韭菜叶翻炒几滚，韭菜叶成碧绿色，蛋皮澄黄，锅里黄白相间。放点水，再放点辣椒粉、盐，煮几滚，就可以出锅了。

韭菜炒鸡蛋端上桌子，孩子们争着抢鸡蛋块，我是先把韭菜夹到自己碗里。我特别喜欢吃韭菜，韭菜没有鸡蛋那么入盐，嚼在嘴里沁甜，越嚼越出味，最后是香味满嘴。我吃韭菜炒蛋的韭菜，还有个习惯，喜欢把韭菜上的油液和辣椒粉等抹在热米饭上，单独吃。这样吃起来，韭菜就干净了，没有其他的杂味在其中。鸡蛋一般比较咸，有点辣的味道，每吃一口饭，吃一点点鸡蛋块就行。我不喜欢吃煎得很厚的鸡蛋块，总觉得不香，有点糍粑的瓷实感，吃起来像泥巴，我喜欢吃很薄的鸡蛋皮，觉得鸡蛋煎出的香味很醉人，特别是那层极薄的干皮，是蛋液溅在菜锅的边沿，煎得焦黄焦黄，吃起来耐嚼，又香味无穷。

我们几个匆匆扒完早饭，就赶着去上学，各自在路上舔嘴唇，回味鸡蛋的味儿，而我却独自享受韭菜的鲜美。

探访神秘奉家山

奉家笋粑

奉家笋粑最大的诱惑不只是它的味道，那黄澄澄的颜色，也非常吸引我的眼球。

> 时值四五月间，正是奉家山竹笋丰产之时。我无意中遇到了一种奉家山的特色美食，农民叫它笋子粑，文化人称它奉家笋粑。

奉家地处新化西部雪峰山脉中段奉家山腹地，与隆回、溆浦接壤。奉家山交通落后，只有渠江与外界相通，生活和民风最为原始、粗犷、独特。自古有盐井和铁矿，可以挖盐食用和制做农器具，种植桑麻织布自给自足，盖竹木房安居乐业。奉家山中以楠竹和树木为主，集中连片的楠竹林有四万多亩，土地适宜种中药材和茶叶，高山延迟蔬菜也生长得很好。

战国时期，秦献公嬴连的次子季昌反对哥哥秦孝公渠梁重用商鞅变法，为了躲避杀身之祸，寻采药人踪迹潜隐山林，辗转来到奉家山，傍溪而居。弃秦字改姓奉，更名吉。始修于元大德年间的新化《奉氏族谱》载："吾族本姓嬴，自吉公而易姓，至弼公……递传献公生二子，长名渠梁，即秦孝公也，次名季昌，乃吾易姓之鼻祖也，因孝公用商鞅，坏古制，开阡陌，私智自矜，刑及公族。我祖睹权臣之乱政，痛旧典之沦亡，逆鳞累批，爰鞅犯禁，效采药遗踪，由桂林象郡徙江吉永丰，潜隐于濠，易姓为奉，更名吉。敛迹韬光，以避其难。为纪念祖宗，不忘根本，将嬴秦的秦字除掉下面两点为'奉氏'。"

奉家山是座神秘之山，我多次到那里去探访。我曾吃过奉家腊肉、柴火板鸭、猪血粑等美食，喝过奉家米茶、蒙洱茶、月芽茶等好茶，却没有深入民间与老百姓同吃同住，对农民的四季饮食不太了解。

这次再到奉家山，受新景区渠江源开园之际举行渠江茶叶论坛，邀我说说渠江薄片的历史。我痴迷奉家山的姑娘河和茶溪谷，特地从长沙赶来问茶论道。

时值四五月间，正是奉家山竹笋丰产之时。我无意中遇到了一种奉家山的特色美食，农民叫它笋子粑，文化人称它奉家笋粑。我在新化生活了十九年，还没听说过这种美食。甚是好奇，很想尝食一下奉家笋粑的滋味。

事有凑巧，我正准备问举办方能否在晚餐时加一道笋粑。我吃饭的时候，餐桌上来了一道素菜，黄澄澄的呈薯条状。我不知何菜，一旁的厨师告诉我，那便是奉家山的特色——奉家笋粑。为了吃这道新鲜的应季菜，我立刻倒来一杯白开水，洗去嘴里的杂味，仔细享用。

奉家笋粑最大的诱惑不只是它的味道，还有那黄澄澄的颜色，非常吸引我的眼球。那黄色里带点儿糯米粉的白色，在众多菜里凸显出来。我夹了一块笋粑放进嘴里，不是新化粑粑的柔软和适口，表面很脆很爽，却不坚硬，是那种干脆的范儿。笋粑有些柔软，却并不软塌，可以感觉到它的糯性和韧性，咬在嘴里，还有弹劲和韧劲，有弹牙的感觉。

我吃奉家笋粑，感觉它最大的特色是没有鲜笋本身的麻口和涩味，全是竹笋经过处理后的鲜味和甘甜，弥漫在口腔里，久久不退。奉家笋粑还有一个特色，就是竹笋特有的鲜爽，咬开笋粑的时候，那股清香喷射而出，那么清幽，那么令人动心。

在奉家的两天里，我特别关注奉家笋粑的来龙去脉，向当地老百姓了解笋粑的历史，向当地厨师请教笋粑的制作，终于搞清楚笋粑的制作和要领。

奉家笋粑以新鲜竹笋为原料，可以是鹧竹笋、水竹笋、麻竹笋等小笋子，也可以是冬笋、春笋、黄芽笋等楠竹笋。把采来的新鲜竹笋剥去笋壳叶，挨笋身的脆笋衣可以留下，笋子泡水清洗干净，小笋子需要撕开，楠竹笋需要切成条，在沸水中煮透或烫熟。把准备好的糯米粉放在一个锥形擂钵里，倒入煮过的竹笋，用擂擀擂碎竹笋，与糯米粉自然地揉合，捏成拳头大小的坨，搓圆成丸子，即新化人说的粑粑，这还是奉家笋粑的初坯。

笋粑初坯不能太软太大，要稍微硬挺一些方便成型，看上去有点扁。用菜锅添茶油烧开，放入笋粑，文火两面翻转慢慢地煎、炸，把笋粑初坯的丸子煎炸到澄黄色，才是笋粑的成坯。成坯为了收藏方便，还需要借助炭火或者太阳，把它晒到七成干。或者用篾条串起来挂在火坑上，或者收在坛子里，吃时再拿出来。

据几位八十岁以上的老人回忆，他们那时候做笋粑，方法最原始、最古老。竹笋不用水煮，而是采用隔水在竹篾碟上蒸，蒸熟的竹笋不用擂钵捣碎，而是放在石臼里舂烂，舂成糍粑状。调料除了糯米粉，还要加些辣椒粉，捏的丸子要揉搓成饼状，不用油煎，直接放炭火上烘烤，烤到两面金黄，香味飘逸为止。

笋粑做菜必须把拳头大小的丸子先切成一厘米厚的片，再切成两三厘米宽的条。菜锅洗干净，烧干锅里的水分，放茶油烧到七成熟，放入切好的笋粑条，排成行，细火慢煎，煎黄煎透。加少量的水和盐、味精、辣椒粉等作料，把作料的味道煮进笋粑里，再加大蒜叶，等水煮干即可出锅。

五加皮猪脚

家乡的药膳

新化谚语说：『两脚不能穆，离不得五加皮。』

在新化农村，农民对中药材中的五加皮很感兴趣，他们知道这是一味很好的中药材，有利于身体强壮和腿脚利索，还可以作为药膳的药材，端上餐桌，有助于经络通达。

我爷爷在世的时候，我对五加皮这味中药材就有着很深的记忆。我二伯的二儿子方移南，在新化县城读职业高中的时候，就给爷爷买过五加皮等药材。他告诉爷爷，这是新化最好的五加皮，产在琅塘、荣华等高山上，海拔1000多米。我不懂这些知识，只知道爷爷用五加皮炖猪脚，说吃了腿脚好。所以，哥哥给爷爷买五加皮的事情我记得特别清楚。一直没有得到老人们的关注的我，也很想在老人面前表现一下。但是我不认识这种药材，只能羡慕。

这件事情让整个家族都很关注，叔叔特地给爷爷买了几棵五加皮苗和一棵苹果树苗，栽在竹山湾的菜园里。五加皮长势很差，不知是因为海拔问题还是山谷阴凉处的缘故。苹果树就更加长不大，几年还只有一两尺高。有人说，这几棵五加皮苗是刺五加，叔叔也无法解释。

在一年春天，爷爷菜园里的五加皮苗被人挖掉了，我却不知道是什么缘故。在以后的几年里，我们这个家族就再也没有人提五加皮的事情，我也就很少去考究这些事了。

我写了十多年的美食散文，其间也曾想写写家乡的药膳。但是我远离乡土，身居长沙，怕写不出那种浓浓的乡情和民俗，就暂存起来，等待时日。

2013年，从小生长在琅塘的王洪坤先生，在长沙城里赚了钱，回天门乡土坪村的山顶承包一片5000亩的土地，用来种植茶叶，曾两次邀请我到他的茶园考察，每次都在山顶住两三天。那个地方海拔1100米左右，我们在讨论种植其他间植植物的时候，王洪坤说准备种500亩五加皮，以后做药膳的原材料。我认为蛮好，新化的五加皮值得推广。

2014年底，湖南卫视《爸爸去哪儿》第三季踩线，准备在新化踩点，湖南卫视天娱传媒的刘涛邀请我前往新化，给栏目组介绍新化的饮食特色。他们第一个点安排在荣华乡，当地领导接待我们，晚宴的时候，我们吃到了当地的特色菜缸豆子煮管粉、五加皮炖猪脚、资江河鱼等。

我对那道五加皮炖猪脚特别感兴趣，这也许是他们不知道我的故事，觉得我很随性。当地领导告诉我，荣华乡的一些高山很适宜种植五加皮，在海拔800米的山坡上种的五加皮药性才好。这里家家户户种有五加皮，属公认治疗风湿的特效药，样子黑乎乎硬邦邦不好看。他们用来泡药酒、炖猪脚，治疗自身的腿脚痛等毛病。还有把五加剥皮去泥，洗刷干净，碾成粉末做五加皮粑粑，给老人吃，也可以嚼得烂吞得下。

我在荣华乡吃到这道五加皮炖猪脚，与我爷爷吃的五加皮炖猪脚已经时隔三十年了，我曾经是只闻其名，今天终于吃到了这道美食。我就好好地去体味了一番，猪脚没有猪毛的膻味，有一股肉皮的胶质味和瘦肉的鲜味，肉香味醇，加上五加皮淡淡的药香。猪脚皮很脆，不油腻，肥肉的油脂完全被控掉，汤汁不涩，微微有点苦味。我连续吃了四五坨，选择吃了各个部位，都很糯软。

我回到长沙，查阅一些新化的文献资料才知道，新化的五加皮主要分布在琅塘、荣华、圳上、大熊山一带的高海拔地带。新化谚语说："两脚不能穆，离不得五加皮。"

新化的五加皮为五加科落叶小灌木细柱的根皮干燥而成，夏、秋二季采挖根部，剥皮，润透，切厚片，晒干，呈不规则卷筒状。外表面灰褐色，有稍扭曲的纵皱纹和横长皮孔样斑痕；内表面淡黄色或灰黄色，有细纵纹。体轻，质脆，易折断，断面不整齐，灰白色。气微香，味微辣而苦。

新化五加属落叶灌木，有时蔓生状，高两三米。枝灰棕，无刺或在叶柄基部单生扁平的刺。叶为掌状复叶，在长枝上互生，在短枝上簇生；叶柄长3～8厘米，常有细刺；小叶五，稀为三或四，中央一片最大，倒卵形至倒披针形，长3～8厘米，宽1～3.5厘米，先端尖或短渐尖，基部楔形，两面无毛，或沿脉上疏生刚毛，下面脉腋间有淡棕色簇毛，边缘有细锯齿。伞形花序腋生或单生于短枝顶端，直径约2厘米；总花梗长一两厘米，花黄绿色，花瓣五，长圆状卵形，先端尖；雄蕊五，花丝细长；子房两室，花柱二，分离或基部合生，柱头圆状。核果浆果状，扁球形，成熟时黑色，宿存花柱反曲。种子两粒，细小，淡褐色。花期4～7月，果期8～10月。生长于山坡上或丛林间。

有了这些基本的认识，我对新化五加皮就想深入了解，就特地托朋友在荣华带来一些五加皮，准备自己炖猪脚吃，亲自体验它的药性和治疗效果。

寻找乡土痕迹

王爷山的豆皮

王爷山的豆皮皮薄油润，落水不糊、薄如蝉翼，轻似绢纱，又有金衣之称。

我儿时吃到的豆皮产自王爷山。母亲告诉我，王爷山的豆皮皮薄油润，落水不糊、外形美观，薄如蝉翼，油润白净，分量极轻，味道鲜美，轻似绢纱，不易霉变，又有金衣之称。

20世纪80年代末到90年代初，在新化的农村，年夜饭和大型酒席宴会上都有一道菜，就是瘦肉炒豆皮或肉汤煮豆皮。这豆皮并不是我们所说的豆腐皮，市面上流通的千张，而是做豆腐的时候豆浆煮开，结的一层油皮，也有的叫豆浆皮。闻名于世的豆皮有井冈山豆皮、东坞山豆皮。

新化人炒菜在炒几滚之后都喜欢加水煮，在出锅的时候带着半碗汤。无论是瘦肉炒豆皮或肉汤煮豆皮，盛在菜碗里的时候，都看不出制作的工艺。但是，这道菜在酒席上却很受食客的欢迎，一端上桌子，很快就被食客风卷残云般夹走，甚至连一滴汤都要被食客倒进自己的碗里，眼睛还死死地盯着那个菜碗，想再来一碗。

记得我小时候，母亲在年夜饭或者春节拜年宴上，喜欢做一道菜，就是肉汤煮豆皮。母亲有个习惯，春节亲戚来拜年，做菜的时候为了快捷，常把年肉和油豆腐一起煮，煮的汤油水多，又有年肉的鲜香，把豆皮洗水放在锅里煮开即可。这样煮出来的豆皮软嫩滑爽，吃起来又解油腻。这是我们小时候比较喜欢吃的菜肴之一，所以每年腊月在办年货的时候父亲都要买两三斤豆皮回来。

20世纪90年代末，农村经济开始繁荣，农民手里已经有了点活钱，酒席上的菜肴也丰盛起来，瘦肉炒豆皮或肉汤煮豆皮这道菜却消失了。我也离开了农村，进入城市，却没有找到我喜欢吃的豆皮，只找到了它的同胞兄弟豆笋。我吃过各式各样的豆笋制作的菜肴，味道还是比不上我喜爱的豆皮，多少有些惦记。

2012年冬，我陪同栏目组在湘潭韶山拍摄《行走的餐桌2》时，毛家饭店有一道菜进入我的眼帘，那道菜就是瘦肉炒豆皮。只是没有新化菜那么多的汤汁，瘦肉片切成瘦肉粒。从此，我又开始在城市里寻找豆皮的痕迹。

2013年秋，我回新化办事。与新化县旅游局办公室主任游九龙先生在新化八中附近的一家小饭店里吃饭，他点了一份瘦肉炒豆皮。我仔细一看，这就是我寻找了多年的豆皮吗！我尝了一片，正是久违的味道。游九龙先生与饭店的老板很熟，他告诉我，这个饭店的豆皮来自于横阳王爷山，是正宗的王爷山豆皮。

我回到长沙，就一直在想，我小时候吃的豆皮是那里产的呢？后来询问父母才知道，我儿时吃到的豆皮产自王爷山。母亲告诉我，王爷山的豆皮皮薄油润，落水不糊、外形美观，薄如蝉翼，油润白净，分量极轻，味道鲜美，轻似绢纱，不易霉变，又有金衣之称。

母亲告诉我，豆皮的主要原料是黄豆，它要经过剥壳、浸豆、淘豆、磨豆、煮浆、过滤、加热、揭皮、晾干、收卷、整理等工序才能制做而成。虽然我们吃到的豆皮很便宜，但是它的制作环节多，工序复杂，对水和黄豆的要求很高，不是哪个地方的黄豆做的豆皮都好吃。

王爷山位于新化西北部，距县城27公里。王爷山在横阳盆地，农耕生产比较发达，农产品比较充裕，农民除了自己食用之外常有结余。农民从事农耕生产所需的工具和生活用品又需要其他地方提供，于是形成简单的以物换物的交易。

明朝末年，王爷山叫钟家岭。清代康熙年间，钟家岭更名孟公桥。孟公桥的农产品交易发展迅速，逐渐形成一些集中的交易场所。道光年间，孟公桥设立了圩场，成为新化最大的农贸市场，每逢农历一、六即每月初一、初六、十一、十六、二十一、二十六开集，赶集的人川流不息，周围几十里地的农民都带着物产到孟公桥市场来进行买卖、交易，顺便探亲会友。

清末民初，孟公桥的人口比较聚集，集市贸易日益旺盛，逐步成长为长500米，宽两三米的青石板街道，餐饮业和豆制品业开始发展，并出现了豆制品的新宠豆皮。来赶集的农民多买玉米粑、红薯等充饥。经济稍为宽裕或者做小生意的农民，常与几个合心的朋友中午打平伙，找家卖酒的摊位饮酒聊天，下酒菜有牛杂汤（即现在的三合汤）和豆皮两样。

1949年，孟公桥有祠堂5座，庙宇4座，学校3所，私塾3处，天主教堂和福音教堂各1所。人口已经聚集了数万人，交易繁荣。孟公桥有批专门做牛生意的牛贩子，长年累月从云南、贵州或湘西地区贩牛到孟公桥来卖，逐渐成为新化耕牛交易的集散中心，常在老市场的一株千年古樟下进行交易。受伤的耕牛和无法再生产的耕牛卖给当地的屠夫，再由屠夫杀了卖肉，慢慢形成了一年四季以杀牛卖牛肉的屠夫群。他们卖的牛肉比较便宜，每斤三角左右，比猪肉还便宜两角。豆皮慢慢与牛肉或牛肉汤结合，成为牛肉汤的配料。

20世纪70年代初，新化至坪口的新安跨县公路、横阳白溪公路、孟公三塘公路都经过王爷山，修建成功并通车。1971年，湘黔铁路王爷山段修建开始，还在王爷山设有横阳山车站。这些道路的修建，引来无数的修路工人和外地人。他们在王爷山修路，在王爷山吃喝，王爷山的美食——王爷山豆皮供不应求，逐渐成为名品。王爷山成为横阳盆地和附近区、公社农副产品的集散地，是新化县西北最大的农副产品集散地，主要粮食作物有水稻、小麦、甘薯、黄豆等。

1981年，新化的豆制品生产企业由手工生产转型为机械化生产，豆皮的产量急剧增长。1989年，横阳的商业饮食服务企业3507家，居全县第二；王爷山有饮食店11家，伍迪光的最大；王爷山还有数十家豆皮手工作坊，保持原有豆皮的生产风格。

我作为新化人，对新化的文史有一定的了解。王爷山是人人知晓的一个地方，特别是武术更是人人皆知，远近闻名。新化建县之初，曾、刘、陈、伍等新化四大姓氏的祖先就迁徙到了王爷山，在这里繁衍生息。我们小时候常听到的谚语有"长沙城里的杂戏，王爷山的打"和"关云长的大刀，赵子龙的枪，长沙城的戏子，王爷山的打"。"王爷山的打"是指王爷山一带的人好打、善打、尚武。说起新化的梅山武术，王爷山是梅山武术的核心地带，无论男女，人人习武，历史上武术名家辈出。王爷山的男人，他们以教授武艺为生，即开馆招徒、传授武术。来此讨教拳术和拜师学艺的人络绎不绝，逐渐繁荣起来。稍微学过一点武术的人或者到过王爷山的人都知道，王爷山流行一首口诀："王爷山的打，思地溪的耍，夏屋场的棍，牛坝溏的叉。"我曾去过王爷山，孟公村有座孟公庙。庙内有尊手执斧头，面部黑黝的孟公菩萨，又称孟公神，相传是湖南烧炭行业的祖师神与保护神，主管冶炼兵器、山林及后勤保障等。正月十五元宵节，当地老百姓抬着孟公菩萨挨家挨户闹元宵，以保平安；夏天，附近的居民和路过的行人到庙里乘凉，并向孟公菩萨祷告。

2014年4月底，我到新化出差，在海天大酒店就餐。海天大酒店的老板袁俊林先生给我推荐了他店里的一道美食，即黑木耳炒豆皮。袁俊林乃餐饮世家，他父亲是20世纪七八十年代新化餐饮公司总经理，他是20世纪90年代到21世纪初新化餐饮公司总经理。新化餐饮公司解体后，袁俊林回到新化商业局，经营自己的海天大酒店，挖掘新化的土菜和食材，把农村土菜搬上星级饭店的餐桌。

袁俊林先生告诉我，曾经在王爷山修建过湘黔铁路的《湘菜》杂志主编金柳生先生认为王爷山的豆皮比井冈山豆皮还要好，主要的问题是王爷山的豆皮煮汤之后，汤汁有点浑，冷却后容易结板，粘在一起。袁俊林先生和金柳生先生两人合作，改变了王爷山豆皮的特性，他们用油发的方式给豆皮泡发。这样的豆皮不再冷却后粘连，不止可以开汤、炒肉，还可以直接与黑木耳、辣椒拌炒，不会再粘在一起，吃起来更加爽口。袁先生吩咐厨师特意给我做了一份油发豆皮炒黑木耳，我吃了之后，确实觉得爽口多了，虽然看上去好像有些油炸出来的小泡泡，但是吃起来一样鲜滑，也入味得多，有湘菜的特色。我回到长沙，查阅了数十种有关湘菜菜谱的书籍，也没有找到有关豆皮的菜肴和文字记载，不免觉得有些遗憾。

剁辣椒里的酱洋姜
激发口水的爽脆

洋姜吃起来脆生生、水汪汪，顿时让你唇齿生香。

湖南人喜欢吃剁辣椒里腌制的酱洋姜，也许没有人会说不。

我每次见到这样的爽口菜，都要赶紧多吃几块，生怕被别人吃了。很多人无法理解我这样的心情，因为他们没有种植过洋姜，没有与洋姜有过亲密的接触，也没有从小就羡慕别人家种了大片的洋姜，自己却吃不到的心情。

洋姜学名菊芋，也称五星草、鬼子姜，原产北美洲，17世纪传入欧洲，后传入中国。洋姜是多年生草本植物，不需要特别播种，一块地里长了几棵洋姜，以后的几年里，这块地里都会长出无数的洋姜来。洋姜易于管理，不需要施过多的肥料，又耐旱、耐涝、抗病虫害，是很容易种植的菜蔬之一。

小时候，我住居的老家也就三四户人家。那时候，如我这般大小的孩子有十几个。每天早上和傍晚，大家同时开饭，我们各自顶着个大饭碗，都聚集在晒谷坪里，相互之间就看着别人碗里的菜肴，比较着、羡慕着。不要说荤腥是我们羡慕的菜肴，就是一块小小的酱洋姜，也让我们眼红不已，吃起来甚是美味。

老家人们把洋姜叫成洋菊，没有人家单独成块种植，多种在房前屋后的小块空地上，作为一种点缀和补充。老人们说，洋菊属于那种非常贱的植物，只要有一点点沙土存住，它们就可以蓬勃生长，并结出丰硕的果实。

我不知道我们家的洋菊种来源于那里，也许是大姑家。大姑家与我们家相距也就两个山头，步行十几分钟即到。她家种了无数稀奇古怪的菜蔬，多是一次性种下，靠大自然的恩赐生长，不用再添加劳动力的懒人菜，大多种在房前屋后。我见过的有洋菊、羊藿等。

母亲带来洋菊种，也许是想给我们这群孩子带来一些新奇的菜蔬，或者是让我们的食物变得多姿多彩些。大姑也是特别疼爱我们，认为我们几个是她可以亲近的外甥，有了好东西都要分一点给我们。

母亲将带回来的洋菊种交给我，我种在屋前晒谷坪边上的荒土中。第二年，长出了茂盛的洋菊苗，但是没有开花。就这样，洋菊在我们家慢慢扩散，晒谷坪边的坡地上到处都是洋菊苗，因为坡度很陡，无法施肥施水，长势不是很好。

我为了方便种植、管理、采挖，在秋天的时候把坡地上的洋菊全部挖出来，种在旁边的一块梯土上，也就五六平方米大小。我为了让它们好好生长，施了家肥和草木灰，洋菊苗的长势就好一些，有一米多高，茎有小指头粗。秋天挖出来的洋菊像黄姜一样粗壮，一只只分叉，每个都有手掌大。

母亲不知道洋菊的烹饪技巧，只知道用新鲜的洋菊小炒，或者切薄片煮熟吃。这样做的菜肴，味道不是很独特，我们小孩也不太喜欢吃。后来，母亲不知道问了谁，改变了洋菊的制作技巧，把剩下的洋菊洗干净，切成薄片，放在竹盘上晒干，经过两三天的暴晒，洋菊片已经蔫软蔫软的，表皮皱巴巴的。母亲稍微加了些盐，腌进陶瓷坛里。她放一层洋菊片，再铺一层剁辣椒，腌制了半个多月，用筷子捞出来就可以直接用于做菜下饭。

腌制的洋菊片不再蔫软，而是绷紧硬挺，表皮漆黑光滑，肉质成酱色。咬在嘴里，有咔嚓咔嚓的声响，非常生脆，还渗透出一点点的甜味，加上剁辣椒的酸味和辣味，去除了洋菊本身的气味。这个冬天，我们吃了不少的酱洋菊，其他的小朋友极其羡慕，我们赚足了眼光。

我小时候从来没有吃过这么爽脆的菜肴，很是好奇，很想吃出它的隐秘。在我的儿童饮食里，萝卜皮也比较爽脆，但是与酱洋菊片比较，还是略差一筹。后来，我在长沙城里吃到了腌制的酸藠头和剁辣椒藠头，才觉得可以与洋菊片有得一拼。

第二年，邻居种植了一片三四十平方米的洋菊，挖了一两箩筐，腌制了几坛剁辣椒酱洋菊。我种植洋菊的地方崩塌了，虽然当年的产量不错，母亲也腌制了一坛剁辣椒酱洋菊。但是，我在秋天挖洋菊的时候，把洋菊全部挖了。选出那些指头大的洋菊，移植到旁边的一块小坡土上，也有四五平方米大小。那里我原先种了韭菜，再把洋菊移植其中，它的长势就差了很多，第二年秋天收获的时候，也就更加不如以前了。

之后，我也离家去山溪中学求学，在家的时间很少，也就不再种植洋菊。直到几年之后，我在长沙读大学，才再次吃到童年喜欢的剁辣椒酱洋菊。

在长沙的餐馆里，就餐人在等待客人来齐的时候，餐馆服务员就会上一道凉菜，很多饭店赠送的凉菜就是剁辣椒酱洋姜，多是餐馆老板自己制作的。每次在餐馆吃饭的时候，我遇到剁辣椒腌制的酱洋姜，就要多吃几块，过过儿时的瘾。

餐馆腌制的剁辣椒酱洋姜，表皮漆黑，肉质酱色，或者颜色较浅，有的还是白色。刚从坛子里取出来的剁辣椒洋姜，经过辣椒汁的浸泡，漆黑的身上还裹着剁辣椒，像位即将出征的将领，充满朝气与斗志，每个毛孔都舒张开来，散发着它的霸气和辣味，脱离了它最初黑黢黢的神态。我吃起来，那脆脆的声响，很远就能听到，让旁人羡慕，顿生口水。

有位专做剁辣椒酱洋姜的老婆婆告诉我，她做剁辣椒酱洋姜，一定要连续晒三四天，把新鲜洋姜的水分晒干，最好晒到皱巴巴、无精打采的样子；如果不晒透洋姜，它的水分多，易酸，且不脆，难以储藏。

　　在讨论剁辣椒酱洋姜的味道时，还有食客认为，洋姜最好的归宿应该躺在剁辣椒坛子里，呈金黄色，有光泽，酱味醇厚，质地脆嫩，滋味鲜甜。洋姜吃起来便脆生生、水汪汪，顿时让你唇齿生香，激发出不少口水。与其他放在一起，反而无法激发它独特的味道。

　　据医学人士说，洋姜能利水除湿、清热凉血、和中益胃，主治水肿、小便不利、肠热便血，最大的价值是双向调节血糖，高血糖能降低，低血糖能升高。联合国粮农组织官员称，洋姜为21世纪人畜共用作物。

红烧肉

母亲的拿手好菜

红烧肉上桌有一股浓浓的辣香味扑鼻而来，刺激着我的食欲。

> 我是吃红烧肉长大的湖南人，也生长在一个爱吃红烧肉的家庭。我的父辈六人，个个是吃红烧肉的高手。

说到红烧肉，大家都不会忘记毛泽东爱吃红烧肉，也因为毛泽东爱吃红烧肉，所以红烧肉就全国上下都知道，还有很多人想到湖南来吃红烧肉。在湖南却已经很少有人吃红烧肉了，这些也许要从历史来谈，因为毛泽东吃红烧肉是几十年前的事，那时候吃红烧肉是最大的享受。就是20世纪90年代中期的农村，红烧肉还是比较受欢迎的，但是，时代的发展真的太快，红烧肉在农村也退出了历史舞台。可是，还有很多人是怀旧主义者，惦记着记忆里的一顿红烧肉，找遍长沙城，结果空肚而归。其实，红烧肉的怀旧分子不少，这些大男人们，是吃肥肉长大的，虽然感觉精肉也有味；但是，却认为没有肥肉那么过瘾。也像我的几个朋友所说的，作为男人，唯有肥肉最过瘾。究其原因，他们都是受红烧肉的熏陶长大，怎能忘记小时候让人馋得口水直流的红烧肉呢？

我是吃红烧肉长大的湖南人，也生长在一个爱吃红烧肉的家庭。我的父辈六人，个个是吃红烧肉的高手。现在，他们还爱吃红烧肉，食量却大减。问其原因，主要是没有那样的场合和气氛了，加上年龄老矣，牙齿丢失，能够吃上斤把足矣。每当跟伯父谈他当年吃红烧肉的往事，他总是感到很骄傲，满脸阳光。我却很羡慕他，没有生在那个年代，也没有过过吃红烧肉的瘾。

母亲是做红烧肉的大厨，她做出来的红烧肉很对我的胃口。每年腊月，家里杀年猪，母亲就要好好地做一顿红烧肉，以解一年的肉荒。当猪开完边后，母亲就交代屠户砍一块半精半肥的肉，约三四斤，趁热把肉切成两三厘米厚的条块，再把条块切成方丁，成丁的肉就呈条状。母亲洗净炒锅，等锅烧热，把肉倒进锅里猛炒，油就汩汩冒了出来，小部分淹没在油里。母亲吩咐我剥一把大蒜，清水洗净，拌肉同炒，到大蒜表面呈金黄，再加干红辣椒。辣椒被油炸得唧唧叫，等颜色变褐，加盐和酱油，等肉的棱角有焦样，精肉呈紫褐色，就可以出锅上桌。红烧肉上桌有一股浓浓的辣香味扑鼻而来，刺激着我的食欲。夹一块放在嘴里，吃起来脆香酥软；肉皮很有韧性，带着点糯软，用力咬就会断；肥肉酥软、脆松，表面有点硬度，咬破虽有油溢出，却不腻人；精肉紧密，带着酱香，咬时就成了一根根的肉丝，嚼时有粗纤维的感觉，却很耐嚼；吃完有点辣，嘴上有点热的感觉，就是下雪天，鼻尖也会冒点汗。

这几年，虽然吃过几次红烧肉，却不是母亲做的，味道大不相同，也就不想吃了。前些日子，老婆突然想起了要吃红烧肉，我就好好回忆起母亲做的红烧肉，学着样儿给老婆做了一顿，还蛮像的，老婆也吃得挺高兴。昨天我俩做菜单的时候，老婆提出要把红烧肉补进去。从此，红烧肉要进入我的厨房。

家庭扣肉

我就是吃这种扣肉长大，给童年留下了很多美妙的记忆。

湖南人除了爱吃红烧肉之外，还爱吃肥肉很多的扣肉。扣肉在湖南人的每个家庭里都有，被湖南人作为一种常吃菜写在家庭菜谱里。

湖南扣肉做法繁多，每个小地方都有自己的做法，有的家庭还有家庭做法。但是，大抵可以分成两种：一种是在蒸肉的碗底垫萝卜丝的，叫萝卜丝扣肉；另一种是在碗底垫霉菜的，叫霉菜扣肉。这两种扣肉大概是以农村和城市来划分的，城市没有萝卜丝，却流行着农村来的霉菜，他们就用霉菜来蒸扣肉；农村多的是霉菜，大家都不愿意吃霉菜，而喜欢把晒干的萝卜丝拌上米粉，与米粉肉或者扣肉蒸着吃，认为那样很好吃。

我生长在农村，就爱上了萝卜丝扣肉，特别是母亲做的萝卜丝扣肉，我一个人能够吃上斤把。腊月里，全家人都回来后，母亲就张罗着杀年猪。等把年猪杀了，母亲就要在家里忙几天，先是腌腊肉，然后熬猪油，当熬完猪油，母亲就会把米粉肉和扣肉顺便做好。做扣肉的一般是五花肉，切成五寸见方，放入舀干了油的油锅，一一排开；稍加小火，肥肉的油就冒了出来，等肉的边角开始收缩、上翘；就可以把肉翻过来，再等它熬得边角收缩、上翘；撒上盐，一阵翻炒，看着盐大概拌上了，放入底层储满萝卜丝的大坛子；盖好盖子，坛缘淋上水或油密封。

到第二年三四月插早稻田的时节，天气开始转热，就把萝卜丝扣肉拿出来，切成片，下面铺满萝卜丝，扣肉放在上面，稍微加热就可以吃了。扣肉已经有点酸味，酸得不太重，带着甜味的草莓酸，吃起来已经没有油腻感了，非常爽口，肉皮已经不再是韧性，而是脆性，可以咬出清脆的响声。我就是吃这种扣肉长大。等我离开农村，春节再回到老家，看着母亲疲倦的样子，就把心底好吃的念头淹没在爱母亲的视野里。

回到城市，我每当回忆母亲做的扣肉，就开始痒痒地想试试自己的厨技。结婚后，妻子是一个好吃的女人，要我做家乡的萝卜丝扣肉给她吃。因为萝卜丝扣肉需要的时间长，我就在市场上买回现成的原扣肉蒸给她吃，吃后她还是不满意，要我自己做原汁原味的扣肉。我没有做过霉菜扣肉，也不知道那些工序，就只好问在城市里待了多年的舅妈，并且登门学习。回来后我就开始做霉菜扣肉给妻子吃：先买好五花肉，切成大方块，煮熟，凉后抹上料酒和酱油，用油煎到肉块开始收缩，油汁冒出，捡出原扣肉，用原油加辣椒粉、盐、豆豉做成辣椒油备用。吃时切成片，拌上辣椒油，在碗底铺上霉菜，放上原扣肉，加点酱油、香油，蒸熟就可食用了。吃时油汁还在，却不油腻，透着一股煎熬的油脆香；精肉经过酱油的透熟力，已经熟透、紧缩，吃起来有精肉丝条条，带着硬度；精肉里藏着鲜味、甜味，还有其他做法无法表达的肉香味；再吃抹在表面的辣椒油，有着一股辣味，又驱散了鲜肉的腥味。

妻子吃着我做的霉菜扣肉，再也不询问我童年的萝卜丝扣肉有多好吃了。

猪血丸子

讲究的吃法

煮久一点的豆腐肥肉猪血丸子可以看到那肥肉亮点，那亮晶晶的点透明诱人，吃到嘴里入口就化。

在湖南，说起邵阳，每个人都知道邵阳猪血丸子这道菜，也有不少人喜欢吃邵阳猪血丸子，还给予很高的评价。

我的家乡属于古邵阳，即保庆。过年时节，家里也做猪血丸子。我去过邵阳的很多地方，产猪血丸子的几个主要县市我都去吃过，不仅做猪血丸子的原料不一样，吃的方式也各有不同。在外地人眼里，邵阳猪血丸子是经过烟火熏烤，有着咸咸的腊味，浓浓的脆香，其实不然。

我爱吃邵阳猪血丸子，却不是大家心目中的那种邵阳猪血丸子。我吃的是按不同的猪血丸子用不同的方法吃，因为猪血丸子的原料有区别，吃法上也就要有选择。邵阳产猪血丸子的主要地方有邵阳县、邵东县、隆回县、洞口市等，还有娄底的新化县，这些地方统称邵阳，虽然大致做法相同，但是因为各个地方的物产不同，用的原料也就不完全一样。

邵阳猪血丸子按原料可以分三种：一种是糯米猪血丸子。猪血丸子的主原料是糯米，因为这些地方属于古梅山之地，盛产糯米。山民不仅用糯米酿米酒，还选用优质糯米做年货，如糍粑、猪血丸子、糯米粑、年茶等。做猪血丸子要把糯米用凉水泡一个晚上，第二天杀猪时加适量的盐，接刚从猪喉咙里放出来的鲜血，等血冻结后，做成一个一个的丸子蒸熟，再把丸子晒干即可食用。另一种是精肉猪血丸子，主原料可以是糯米也可以是豆腐，只是在血冻结后，拌一些新鲜精肉砍碎，等到砍得很细小为止，再做成拳头大小或者更大一点的丸子，蒸熟后晒干就可以保存备用。第三种是豆腐肥肉猪血丸子，用刚打出来的热豆腐为主要原料，拌猪血和肥瘦相间的肉一起砍烂，砍成肉末后放上点生糯米粉，做成丸子蒸熟。在熏烤或者晒干过程中要防止漏油，慢慢晒干或者慢慢烤干。

邵阳猪血丸子的吃法也还有些讲究，不仅要根据它的原料来定吃法，还要根据各地的风俗习惯来吃，那就更有情趣。据我这几年吃邵阳猪血丸子的经验，可以大致有这么些吃法。糯米猪血丸子煎着吃，把猪血丸子切成一厘米厚的薄片，用油炸透，吃时煮开，加上大蒜叶、辣椒粉，水干后出锅即可以吃，既脆又香，脆中带着糯性，香中带着辣味，既下饭，也非常有味道。要是怕麻烦，也可以不先炸，做菜时切成块，用油煎，两面都同时煎出壳来，再稍煮，加大蒜叶、辣椒粉就可以吃。也有些家境贫寒，猪血丸子里只放了豆腐，或者市面上卖的一些猪血丸子，是没有加肉的，一般一看就知道个头小，那么它的吃法就不同，切成小片，最好用来炒青辣椒吃，可以吃出它的香味。如果烤得太干或者熏得太久，炒出来就会很干涩，食而无味，只能吃到香味，最好稍微煮煮，那样好吃些。

精肉猪血丸子是一些特殊家庭做的，他们不吃糯米也不吃肥肉，其实，这些家庭大部分是教师或者生活水平高点的家庭，做得比较精细，吃起来也细腻，肉味新鲜，怎样做着吃都可以。如果是豆腐做的精肉猪血丸子，准备炒着吃就不能晒得太干，晒干后本身有很多气孔，再用水煮发，肉末就会全部掉了，就没有什么味了，吃起来像豆腐渣。豆腐肥肉猪血丸子最好是下火锅，那绝对可以称得上是美味，切成一厘米厚的薄片，等火锅的水开后下到火锅里，煮上五分钟后再吃，猪血丸子清脆咸香，爽口。火锅煮后，猪血丸子柔软，容易咬断，还能听到脆响。猪血丸子越煮越有味，越吃越上口。煮久一点的豆腐肥肉猪血丸子可以看到那肥肉亮点，那亮晶晶的点透明诱人，吃到嘴里入口就化，还有火锅的汤汁也进入猪血丸子，吃起来汤味十足。

　　我想，如果真正想吃猪血丸子，还是吃豆腐肥肉猪血丸子最好，下在火锅里，几个人围着吃就可以感受到更多的风味和氛围。

第二辑 食在菁华

狗蛋涛明

缅怀爷爷

这是很少见到的美食，我至今也没有拍到照片。它是剥壳的鸡蛋煮在大块的狗肉里。

我们祭拜完毕，母亲还跪在地上，很郑重地向爷爷诉说：爸，我们子孙以后每年清明节都会拿您最爱吃的狗蛋来祭祀您。

我已经记不太清楚有多少个清明节没有回老家给爷爷扫墓了。只记得爷爷临终时留下一句话："我什么都吃了，只有狗蛋没吃过，应该好吃。"为此，我努力地去回忆我的童年，回忆我与爷爷的许多往事，想从中找出一点新的线索。

事情已经过去了17年，这我是记得清清楚楚。那年是1989年，正是初冬，天气特别好，早上还下霜。爷爷却瘫痪在床上，从此再也没有起过床，过着受人照料的日子。我那时才读小学三年级，以为爷爷只是感冒了，睡两天就没事的。根本没想到他那魁梧的身材说倒就倒。父母把我们四个孩子召回来，想对我们说点什么，但是没有说出来，只有母亲无助地摇摇头。

11月的一天晚上，母亲很严肃地对父亲说："爸爸的日子可能不长了！"接着就说了爷爷的那句话。父母就开始商议怎样满足爷爷的心愿。我们孩子懵懂，被父母赶着早点睡觉去了。那晚，不知道父母商量到什么时候才安排妥当，我到现在都不得而知。

第二天，我还没放学，母亲就到学校来接我们回家。以前，父母是不接我们的，除非是下大雪或者下暴雨。我感到有点蹊跷，却没有问母亲发生什么事了。母亲显得很不安，没有说一句话，很慈祥、很温柔、很和蔼地领我们回家。

在路上，母亲跟我说了一件事——要我回家杀狗。我虽然看过好几次杀狗，却自己没有亲自杀过，当时虽然兴奋，还是没有完全的把握。我杀完狗才知道，这条狗是用来给爷爷做狗蛋的。杀了后母亲马上煮了一块狗肉，喂了一碗给爷爷吃，他非常高兴，也觉得很有精神。当晚，爷爷就去世了。

来年清明，我们全家都去给爷爷扫墓。除了一般的香、纸、炮外，母亲还带了一个特别的东西——那就是爷爷的狗蛋——一段煮熟的狗腿肉。我们祭拜完毕，母亲还跪在地上，很郑重地向爷爷诉说：爸，我们子孙以后每年清明节都会拿您最爱吃的狗蛋来祭祀您。母亲又交代我们，以后来祭祀爷爷都要带狗蛋来。我后来才知道爷爷为什么把狗肉叫做狗蛋。那年，爷爷很想吃狗肉，可是我们家的那条狗才刚刚生了一窝狗崽，爷爷不希望杀了那条母狗，就装糊涂卖傻，说成风马牛不相及的狗蛋。母亲是个心细人，听出了爷爷的意思，就买了一条狗杀给爷爷吃。

后来，又去给爷爷扫过几次墓地，具体我就记不清了。去年特别想回老家过年，顺便去墓地拜祭，却未成行。春节，我特地到市场上买了一条黑狗腿肉，又细心地把它熏干、保存，联络了大姐、二姐、弟弟，准备今年清明节回老家祭祀爷爷。也通知了乡下的亲戚把爷爷的坟头杂草清除。今年清明节，我将带着爷爷的狗蛋去墓地祭祀他。

晶味南瓜

非常想念

南瓜蒸熟后水汽凝结在盘子里，如果在盘底加一张垫布，吸干多余的水分，那么，这将是一味南瓜绝品。

南瓜已经在我的生活里远去，就算能够吃到，也是些嫩南瓜之类的，黄皮南瓜根本见不到，就成了非常的想念。

　　我的童年在乡下度过，那些日子吃过和见过很多黄皮南瓜，还吃过不少用南瓜加工出来的成品和半成品。最难以忘却的是南瓜带。那一年，我家的黄皮南瓜码满了一堂屋，连八仙桌下都放满了南瓜。母亲很忙，根本没有时间来顾及这些"多余"的南瓜，有事没事就把黄皮南瓜砍烂煮潲喂猪。八十多岁的奶奶建议我妈把黄皮南瓜做成南瓜带，还说她童年做过南瓜带，很好吃。妈没时间，就委托奶奶来做南瓜带。奶奶自己已经做不动了，就号召我们四姐弟上阵。她也是童年的记忆，我们就按着她那记忆来做。

　　我们把黄皮南瓜的黄皮削掉，切成两半，挖掉南瓜子，再切成一两厘米厚的南瓜圈，用竹竿穿起来，架在九十月的太阳底下晒。南瓜圈慢慢地变小、变柔，颜色也慢慢成糖黄色。等到半干后，在蒸笼上把南瓜圈蒸熟，用竹盘晒干。南瓜圈已经很小了，颜色更加向糖色发展，再把南瓜圈剪断，就成了南瓜带。如果想品尝，就可以直接拿起来吃，小孩可以当零食，大人可以当点心，或者加热后拌白砂糖吃。南瓜带吃起来甜腻腻的，但是不是腻心的那种甜腻，而是越吃越想吃的那种甜蜜的腻。嚼在嘴里不是很容易断，也不是嚼不断，嚼在嘴里就可以享受那种来自自然的清甜。如果吃完一根就停一下，回味嘴中的甜味，你一定还想吃第二根甚至第三根，那才是真正的南瓜带的魅力。

　　19岁来到城市，远离乡下，我就隔绝了南瓜。直到有一天陪老婆去买菜，我才再次品味南瓜的另一种味道。那天，老婆想吃南瓜，就到市场上买了一个南瓜回来，可是她也不会炒南瓜，要我做一次爱心牌的南瓜。我削掉南瓜皮，切成大块大块的，放入锅里煮，等到熟后，加油盐两味，老婆喜欢吃甜食，我特地加了少许白砂糖，吃起来挺甜，没有什么青味。又有一天，老婆跟我说：她在朋友家吃过小炒南瓜挺好吃的，想要我做给她吃。我就把削皮的南瓜切成块，再把块切成3毫米左右厚的薄片。把锅烧热，先放猪油，油热，倒入南瓜片，武火爆炒。炒到南瓜片上油光发亮，加少许盐，再加冷水煮。煮约20分钟，再出锅。老婆在旁边看着我做，怕不甜加了点白糖。吃起来味道很好，有炒后的清香，也有油水的光滑，更有点心的甜美，可以说是一味小资美食。

　　这两年，老婆的南瓜情结改为了其他情结，我也没有做小炒南瓜了。前两天，与一群朋友到新民路人民公社大食堂吃到一味蒸南瓜，分量不多，图案拼得漂亮，像一小边削了皮的南瓜，带点青色，味道不错，蒸得也还熟。我用筷子夹断小块，吃时挺甜，不粘嘴，很爽口。我知道，这南瓜的甜味不是加了白糖的甜，而是南瓜的本味，还有点儿青味，可能是采南瓜的时候南瓜没有完全熟透，或者是南瓜种在河边，水分过量。我又反复品味了一番，才吃出不是南瓜本身的青味，而是南瓜蒸熟后水汽凝结在盘子里造成的味道。如果在盘底加一张垫布，吸干多余的水分，那么，这将是一味南瓜绝品。

涼薯満夕

父母愛情証物

每当中秋，我都要思索父母的这个爱情故事，也怀念那样的涼薯满月。

> 长住城市，凉薯的记忆早已远去，中秋的气氛也不再浓厚。我很怀旧，记忆常停留在美好的岁月，转不出门槛。

家乡的中秋，正是凉薯成熟的季节，家家拿出满意的凉薯让邻里夸奖，那是多么的荣耀。

母亲是中秋节的主人，节日的活动由她安排，我们的工作也由她派遣。中秋，对于我们那个家来说，是个非常重要的日子，也有着特殊的含义。母亲每次早起，吃罢早饭就安排我们姐弟几个的事务，从准备菜蔬到请爷爷奶奶团圆及包装礼品，都是我们工作的细节。我们其实也帮不上母亲的大忙，只能做点细小的事情，或者跑跑腿。我们跑前跑后，主要是为了让全家忙碌起来，营造节日的气氛，过上更加满意的中秋。母亲每次都要交给我两件事：一是到池塘里采摘刚长成的高笋，二是到地里去挖凉薯。

高笋比较稀少，过节才扳几支，主要用途是做菜。我们中秋节要吃一个特别的菜——高笋炒牛肉。牛肉在家乡是比较少见的，也很少有人吃新鲜的，多把它腊干了吃。惟独中秋节，要吃新鲜牛肉，乡俗叫断青草毒。

凉薯是家乡的普通作物，家家户户都种，拳头大小一个。惟独母亲种的凉薯个大饱满粗壮，有脑袋大小。听奶奶说过：母亲的手旺，种凉薯个大。我却认为：母亲种凉薯的地方土好水足。那是小山坡上的一个坎，大概十米长，一米多宽，土质肥厚，泉水不断。母亲看它种什么作物都太小，就种百来兜凉薯。这样一来，正好满足了凉薯生长的需要，也完全利用了土地。母亲每年在那里种凉薯，夏天不会旱死，而且生长得特别快，每年七月半，土地就裂开一条一条的缝，透出凉薯的个儿。我挖凉薯，一般挖十来兜，大概有二三十个，分两次背到坡下的溪边，浸泡在溪水里，把泥巴洗干净，扛回家放在堂屋的八仙桌上。有客人来，母亲送他一个凉薯当茶，有种地的人路过来家歇凉，送他一个凉薯解渴。这样，凉薯要送掉一半，到晚上就剩不了五六个。

农村，进入秋季，山野的毒素开始狂野，生水不能喝，蜂蚁虫蛇毒性大，凉薯解渴又祛火。母亲要我挖凉薯，主要是为了晚上团圆。吃完晚饭，我们姐弟几个把八仙桌抬到前坪，放在月光底下，沐浴着皎洁的月光，摆上月饼、凉薯，大家围坐一圈，父母对天祭祀。父母不是指腹为婚，也不是家长做主，而是自由恋爱。他们就是趁着八月十五的月光，寻找他们的感情世界，在皎洁的月光下，指天为媒，以地为屋，结就了美满姻缘。父母为了怀念那美好的日子和感谢十五的月亮，往后的中秋，父母一定大祭。

凉薯是父母爱情的证物，父亲送给母亲一个硕大的凉薯为信物，母亲第二天提着凉薯赶到父亲家来见公公婆婆，奶奶才把种凉薯的绝活传给母亲。每当中秋，我都要思索父母的这个爱情故事，也怀念那样的凉薯满月。

麻糖

童年的甜蜜滋味

地道的家乡麻糖，是用农村的剩余产品或杂物做成，味道极其鲜美。

回到故乡，手工麻糖已经罕见，早已被工业产品替代，回想起童年的生活，麻糖留给我的记忆难以抹去，深深的痕迹和甜蜜，丰富了记忆的碎片。

每年腊月，童年的我希望能够吃到甜酥的麻糖，可是几次落空。亲戚朋友知道我的爱好，在春节送几块麻糖给我。我把它当作宝贝，分给姐弟品尝。我吃麻糖时特别珍惜，每次咬下小口，边吃边回味糖的甜而不腻，糙米脆而酥软，犹如一道绝味美食。

家乡麻糖，是纯粹的手工产品，与工业麻糖的味道不同。我慢慢回忆童年，觉得最甜蜜的还是那些有麻糖的日子，带着它的特殊节日气氛，将我带入年关。麻糖的名字来源于它的颜色和味道，颜色是麻色，介于黄色与黑色之间；吃起来非常甜腻，就像糖一样。家乡的先人根据麻糖的两个特点，给它取名为麻糖。

地道的家乡麻糖，是用农村的剩余产品或杂物做成，味道极其鲜美。

我的童年，饥寒是冬天的两大难题，家家吃不饱。秋天收割后，田里掉了些落在地上的谷子，我们把它们捡回来，洗干净后煮熟。谷子煮得开花，形状各异，沥干水后，就着秋天的阳光暴晒。几天后谷子干燥了，在打米厂加工去皮，留下米花，用做麻糖的基本原料。

白糖是当时的稀缺物资，农民只能自己制糖。农村的每年秋天，家家户户都要晒红薯碟子，选择一些优质红薯在秋风里风晾几天，糖分分泌出来形成黑点。把红薯洗净，切成红薯片、红薯条、红薯仔等，选择一个秋高气爽的早晨，烧一锅开水，把切好的红薯倒在开水里，烫到变软，晒到准备好的坪面上。开水就成了一种微甜的糖水，有红薯糖成分。农民为了做这点红薯糖，提前准备好麦芽，把一盆小麦洗湿，放在温度的地方，等待麦子发芽，麦子发芽生根后，抱成一个饼，用绳子穿起挂在火坑上，麦芽越长越青。在红薯糖水里加入麦芽，开水慢慢冷却，等到晚上，把红薯糖水过滤，猛火烧干水分，底下的就是糖。农村习惯叫红薯糖，其实是麦芽糖，暗红色，稠稠的，可以用筷子挑起，拉成很长的丝。

到了腊月，每家每户都要做碟子，准备春节接待客人。顺便炒些芝麻、玉米、花生米，加在麻糖里做辅料。

做麻糖要敲打，农村叫做打麻糖。把豆腐夹放平，倒入米花、芝麻、玉米、花生米，搅拌均匀，烧热融化麦芽糖，淋在米花上，麦芽糖慢慢流入缝隙，再包好，用大石头压紧。还要不停地用木棍捶打，让糖分布均匀，米粒压紧，擂上石块压榨几小时，不再粘包袱布后切成豆腐块，再切成小片，放干燥地方储存。

农村比较看重麻糖，多用陶罐储存，在陶罐底放上木炭，用报纸隔开，上面放麻糖，再密封，吃起来非常干燥，很有脆响。

麻糖还衍生出一种糖，叫糖片，是麦芽糖里加花生米和芝麻，吃起来非常粘牙齿，也特别甜腻，家乡做得不多。家乡很多人在西北的青海、甘肃、新疆和东北三省做生意，把这种花生麦芽糖在当地生产。因为当地冬天干燥，花生麦芽糖有韧性又有弹力，非常受欢迎。

吃麻糖是我个人的爱好，亲戚见我回乡下，他们常给我送点麻糖尝尝鲜、试试味。

现在深居都市，怀念家乡的种种美味，却很难吃到。

爱似菠萝

想念父母

是因为你爱我。

昨天的菠萝好吃，

吃到菠萝，就会想起远在家乡的父母。

生活在城市的灯红酒绿中，已经被美食淹没，思家的欲望消失殆尽。年少的时候，我生活在偏远的农村，物资比较贫乏，菠萝等水果难得一见。

二姐离开学校，在百余里外的冷水江打工，在小城里天天做市民喜欢吃的蛋筒。二姐第一次拿到工资，只有四五百元钱，却给家里买了一个十元钱的菠萝。这也许是人离开家乡，身处异乡最想干的一件事——报答父母。

我见到菠萝，才知道它全身长满了刺。二姐买菠萝之前也没有吃过，只是听同事说怎么削菠萝、泡菠萝、吃菠萝。二姐从冷水江回家，一直把菠萝抱在怀里，像个宝物怕它丢失，下车时塑料袋被扎破，就直接抓着菠萝叶子提回家，虽然手上扎满了刺，感觉却很幸福。

母亲按着二姐的说法，削掉菠萝皮，切成小块用盐水浸泡起来。一会儿邻居来了一大屋，母亲端出刚泡的菠萝块，给每人分发一块。大家不管能不能吃，拿起就往嘴巴里塞。虽然菠萝上还有一些刺没有削干净，大家都吃得很香，还夸赞菠萝好吃。我吃了也觉得很甜，微微有点酸。

我到长沙读大学，那时的菠萝卖得很便宜，削好的菠萝两块钱一个，买两三个还可以打折，一块五毛钱一个也行。

大学时代，我们的饮食水平都比较差，除了盒饭就是炒粉，而且食量很大，吃得饱饱的肚子，没到下课就饥饿无比。我生活费不多，除了吃饭还要买不少书籍，没有钱吃零食。宿舍门口摆得最多的是菠萝摊，高高的木架上摆个玻璃罐，四四方方，半罐子盐水泡满了削掉皮的菠萝块，常诱惑我的食欲。我有个室友，喜欢吃菠萝，每次中午下课路过宿舍门口的菠萝摊，都要花一块钱买个小菠萝，分成四份，吃时总要给我一份。我不好拒绝他的情谊，每次都把菠萝吃完。同学都以为我喜欢吃菠萝，我自己也觉得菠萝越吃越好吃，还吃出些感觉来，写了篇文章。

参加工作后，在出版社做编辑，常常走南闯北，尝遍祖国美食。回到家里，我就不太想吃东西，对菠萝总是提不起兴趣。

结婚后，妻子常常打探我喜欢吃什么，然后去给我买点来吃，我总回答不出名字。

昨天，我下班回到家里，桌上摆着一碗菠萝，我理也没理。吃完晚饭，妻子跟我说：饭后吃点菠萝，促进消化。我觉得这句话很熟，却回忆不起来是谁说的。妻子却告诉我：你大学时候很喜欢吃菠萝，在你的《大学印象》里写了一篇文章，是关于你们同学吃菠萝的情景和你吃菠萝的感觉；我上网搜索你的资料时，发现你的这篇文章被很多健康网站转载了，仔细阅读完才知道你喜欢吃菠萝；我下班回家，经过菜市场看到菠萝好，买了两个，想必你会喜欢。

我用牙签挑一小块吃，觉得味道与二姐带回家的菠萝一样，唤起我尘蒙多年的记忆，吃了大半个菠萝。

第二天，我就再也不想吃菠萝了，妻子问我时，我却无以回答。

我考虑了很久，才告诉妻子：二姐的菠萝好吃，是因为第一次吃菠萝；大学时代的菠萝好吃，是因为那时饥饿；昨天的菠萝好吃，是因为你爱我，关心我生活中的每个细节。也许，我根本不喜欢吃菠萝，或者是我现在吃的美食太多，吃什么东西都没味了。

猕猴桃

童年的深刻记忆

这些有关猕猴桃的记忆，常在我脑海中回旋。我明白，这是儿时情结，希望有一天，再重温记忆里的猕猴桃。

深入城市生活，饮食选择时刻困扰着我，不知道自己应该吃何物。最近到南岳衡山，见到游客抢购野生猕猴桃，让我回想起家乡山野的猕猴桃。

我生长在湘中雪峰山尾端——新化大熊山，全国野生猕猴桃的三大产区之一。

猕猴桃一直伴着我走过童年，留下深刻的记忆，我十九岁来到城市，才远离了猕猴桃，即使能够在超市的购物架上看到又胖又大的猕猴桃，那都不是我童年的印象，无法联系那美好的过去。

在延绵起伏的群山险沟中，点缀着几座木屋，那就是我的故乡我的家。生活在群山中十余年，吃过不少野果。山民的生活有别于城市，在大山里穿行，身上很少背着干粮转悠，他们随身携带的是一盒火柴，饿极了，挖个坑烧堆火，到附近找黄豆、花生、红薯、玉米烤着吃。没有这些，还有很多的野果可以生吃或者充饥。

猕猴桃是可以生吃的野果，春天白花烂漫，经过一个夏天，慢慢地长大，到暑假八九月份，猕猴桃基本长大，却质硬生脆。山里孩子赶上暑假，帮着父母放牛、砍柴，穿梭于山野，高大的乔木直插云霄，太阳光从树叶缝隙里落下来，斑斑点点地映在地面。遇上荫盖，阳光不再射到地上，树上必定缠有藤蔓，多为猕猴桃藤。猕猴桃是灌木，没有攀附树木，就漫山遍野地牵连而去，攀上松树，沿枝叶伸展，极富张扬，容易形成伞盖。站在树底，仰望树冠，大小不一的猕猴桃挂满枝头，像吊着的灯笼，甚是好看，让人多看几眼就眼馋，恨不得据为己有。

我会嗖嗖地爬上树冠，攀附树枝，伸出细长的手，摘下眼前的猕猴桃，塞进衣服口袋，口袋没装几个就满了，边摘边漏，掉到地上。有伙伴时，要他们清理地上的枯叶，打扫出大块干净的地方，摘了直接抛到地上。没有伙伴，只好把长裤脱下，扎上裤口，提着裤腰，把猕猴桃塞进裤腿，很快就会塞满，用藤拴着吊下树，人再爬下来，背着猕猴桃回家。

夏天的猕猴桃，没有长熟，生涩难吃，只能把它捂熟。背回来的猕猴桃，选个坛子，清洗干净，洒上谷糠，把猕猴桃藏于糠中，密封一周，猕猴桃变软，剥去皮就可以吃。我们姐弟欢天喜地，争相抢吃。其实，这种温室效应催熟的猕猴桃不好吃，除了有种米糠腻味，猕猴桃吃着不甜，夹杂水汽味，硬点如泥巴，软点像稀粥，吃多了反胃。

孩子们最得意的就是摘猕猴桃，吃上两个也就罢手，下次遇上猕猴桃，照摘不误。

猕猴桃成熟，已经是中秋过后，天气凉爽，山民穿着罩衣。地里的庄稼早已收割，野兽和鸟类退回林区，人们寻找山中野果，猕猴桃成了主要目标。林中野果，已经熟透，散发着诱人魅力，寻找拾主。

猕猴桃较多，多与茶油树、桐子树杂生。

山民清闲后，集中精力收割零碎的茶籽和桐籽。茶油树和桐子树属杂木，不需栽种，自我繁衍生长，非常适合沙石土壤。山民在采集茶籽和桐籽时，常常会见到成熟的猕猴桃挂在树上，就会伸手摘一个尝尝鲜，这时的猕猴桃味道鲜美、清甜爽口、汁液丰富，让人不忍放弃，就全部摘下，放进背篓。

砍冬柴的山民，秋收后实行刀耕，砍掉灌木林和杂草，常常遇到猕猴桃，有些已被鸟兽尝鲜，露出蓝靛的果肉，带着露珠，晶莹剔透。尝尝剩余果实，甜腻爽口、滑腻清新，划过舌尖，留下一丝甜甜的痕迹，让人回味无穷，多吃几个，也不恶腻。

这些有关猕猴桃的记忆，常在我脑海中回旋。我明白，这是儿时情结，希望有一天，再重温记忆里的猕猴桃。

故乡的穇子
三十年的心结

穇子因为有很好的食疗作用，营养价值高，慢慢被老百姓所喜欢。很多地方用于做饼、煮粥、酿啤酒、酿白酒、做菜。

故乡有句俗话："没有到过高山不知平地，没吃过穇子粑不知粗细。"因为这句话，误导了我三十年的穇子心结。在我心底，一直认为穇子是非常难吃的粮食之一，而迟迟没有去尝试这美味。

小时候，每当秋高气爽，晚稻还没有收割，田垄上的穇子已经成熟。一蔸一蔸穇子整齐地散布在田垄上，枯黄的茎叶，隐藏在穇子穗下，穇子穗精神抖擞地立着，颗粒饱满的穗朵也不弯腰。我却常常好奇，农民为何不把穇子种在田里。

穇子别名龙爪稷、鸡爪粟、非洲黍、鸭距粟，在我国有悠久的栽培历史，也是非洲人和印度人的主食，在印度、尼泊尔、乌干达有大量栽培，我国西藏、海南、云南、贵州、四川、湖北、湖南、福建、江西、浙江等省区有零星种植，产量不多。穇子主要种在洼地，能克涝抗旱，种植时需要挖沟排水筑垄。穇子按种水稻的间距成行成排种下，成长后像水稻一样一蔸一蔸地整齐排列，每蔸十来棵苗，茎比稻秆粗壮。穇子穗呈拳状裂开，颗粒紧促地拥挤在一起。穇子须根稠密，在荒山丘陵生长力很强，在贫瘠的土地上种植收成也不错。因为穇子本质粗糙，农民在灾荒之年用于充饥。

穇子在农作物中属杂粮、粗粮，却营养价值高，抗病力强，含有丰富的维生素和微量矿物质，以及7%的蛋白质，有滋阴养胃利水消肿的功效。

以前，因为研磨技术落后，穇子收割后，粉碎技术和设备差，常用的是石磨和擂钵，穇子只能用整颗或磨碎的颗粒来做食物。这样吃起来非常粗糙，特别难以下咽，常卡在喉咙口，又粗又涩，有点甜味，可以回味，也就给食者留下"穇子粑非常粗"的概念，久久在心中无法抹去。现在，凭借先进的粉碎技术，把穇子磨成非常细腻的粉状已经不成问题。人推牛拉石磨的时代已经过去，收割的穇子在晒干后，用电力机器磨一次，穇子就磨成粗粉，比石磨的细腻得多。接着再磨，一般磨三到五次，穇子粉就非常细腻，食用也柔和。再把磨好的糯米粉拌在穇子粉里，混合磨一两次，粉有滑腻感，做成粑粑，表面不再粗糙和坑坑洼洼，只是颜色黑乎乎的，比较光滑，苦涩味也没有了。

穇子因为有很好的食疗作用，贮藏营养价值高，慢慢又被老百姓所喜欢。很多地方用于做饼、煮粥、酿啤酒、酿白酒、做菜。有名的是湖南新化的名菜穇子粑蒸鸡、江苏兴化的穇子酒。

穇子粑蒸鸡是新化三大碗之一，选料讲究，穇子选种在海拔较高寒湿地带的，鸡选山村土鸡或者阉鸡，粑内加炒熟的花生馅，吃起来鸡肉的甜腻和香气沁入穇子粑粑里，口感柔和，香气迷人，令人垂涎欲滴。穇子酒是江苏兴化的特产，单纯穇子出酒低，与大米混合酿造，出酒量成倍提高，度数高、烈性大，酒更香醇，口感极佳，喝后不上头。穇子酒在民间极受欢迎，好酒者以喝穇子酒为荣。

我尝到现在的穇子粑后，完全消除了穇子粗糙的概念，但那句话我还念念不忘。

梅山元宵节
传承古梅山习俗

汤圆，元宵节必不可少的传统小吃，外面糯米粉，里面有馅料，煮熟带汤，表示大家都团聚在一起。

> 元宵宴，必须吃糍粑，圆圆的糍粑，表示大家都团聚在一起。

住在城市，每当春节，我就想起家乡。在古梅山的新化，有很多的风俗礼仪，束缚着孩童的我做个规规矩矩的人。只有过了元宵，我们才感觉身上的包袱有所减轻，旧有的陋习仍旧回到我的身上，做些恶作剧。

在家乡，春节是个非常重要的节日，除夕在其头，元宵在其尾，往往事情的开头比较容易，但要一如既往地做到结尾，那就要挨着日子一天天过。元宵节就是我们过春节要等的坎，只有过了元宵，我们才可以轻轻松松过日子。

梅山的农村，初一至元宵节，有三件事最活跃：送财神、舞龙、唱戏。送财神的人不一定为了钱，也许是为了欢乐。主人接到财神，要给送财神的人打发点钱，多少不是问题，只要意思一下就行。元宵节那天，送财神的人回家与家人吃元宵宴，身上带的财神没有送完，就带回家，元宵节接到财神，不再给钱。舞龙是年轻人争强好胜的标志，稍学过点武术的人，大年初一跟着师傅起龙，在把式的带领下，进村走户舞龙给人拜年，每家每户用换茶招呼，还送红包感谢。如果两条龙相遇，叫做两龙相会，必须比出高低，双方较量真功夫，赢了方可继续舞龙，输了退出地盘或烧毁龙头。也有人故意刁难舞龙的，摆台比武，试探他人武艺。元宵节那天，把式带着龙回到起龙的地点，给乡亲们舞一场，表示对乡亲感谢，然后藏龙。没有龙的村落用舞狮子代替，一般不比武艺。春节也是农村戏班最活跃的时候，初一集结出班，必受德高望重者邀请，点戏昼夜说唱，锣鼓喧天，大家聚集听戏，找有钱人凑份子。元宵节那天，戏班回到首场唱戏之所，义唱一天表示感谢。这三样，一样也不能少。

元宵节是非常重要的节日，过完元宵，代表春节结束，我们也不再用父母嘱咐，说话小心翼翼。春节期间不准说脏话，不串门，做个乖乖的好孩子。元宵过后，我想去找伙伴玩，喜欢看热闹，喜欢串门，父母都不会阻止，也不用背着拜年礼品，小心翼翼地走每一步路，恭恭敬敬地给亲戚、长辈请安、问好，更不要一天按着习惯规规矩矩地坐在八仙桌的凳子上吃饭，还要吃完饭和亲戚、长辈夹的菜。

元宵，也是新婚夫妇节日。新婚第一个春节，按着梅山习俗，夫妻俩要给喝过喜酒的所有亲戚朋友拜新年。每到一家，都要放鞭炮方可进门，亲戚朋友要把新郎当新客，用梅山八大碗或者梅山十大腕招待，菜有鸡肉、鱼肉、牛肉、肘子等，还要上等米酒，频频给新客夹菜、敬酒，直到新客烂醉如泥为止。女方亲戚多，有个七姑八婆，如果村落分散，路途又远，一两天拜得一户，拜年就要花很多时间，到元宵很难拜一半。过了元宵，再去拜年，亲戚都出门下地，很难遇上人，还要遭亲戚批评，以为不重视。很多新婚夫妇，为了在元宵节前完成拜年任务，到亲戚集中的地方，选择一家做据点，其他每家只送拜年礼物，喝完茶就撤，在据点吃顿饭，悄无声息地溜走。元宵节那天，新婚夫妇回到娘家，岳父岳母回请亲戚，大宴宾客，承认这门亲戚，女婿的婚礼方完成。

没有新婚夫妇的家庭，元宵节同样重要。春节期间，一家人团聚，拜年走亲戚。元宵那天，一家人吃元宵宴，也是散伙饭，吃完元宵宴，可以各干各的事，离家远行也行。元宵宴，必须吃糍粑，圆圆的糍粑，表示大家都团聚在一起，吃完糍粑，就结束了春节的欢乐。

元宵那天，梅山的农民还要开工，带着锄头、柴刀上山下田，动锄开刀，开始一年的春耕播种，等待秋来丰收。

秋雨送爽

故乡的松菌爬上心头

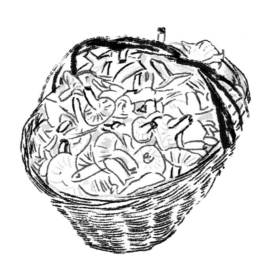

特别是新生的蘑菇很滋润，用手摸着边缘，光滑处透出凉爽的味道，代表着秋天的气息。

回到阔别十多年的故乡，吃到的第一道菜是枞菌，故乡的事物慢慢爬上我的心头。枞菌在故乡代表秋雨绵绵、秋意凉爽。我觉得故乡的秋天是那么的温柔可亲、舒适爽人。

俗话说：秋不湿衣。在故乡，秋天不怕它下雨，农人出门，不用看天气，也不用带雨伞和衣服。故乡的秋天，气温明显下降，偶尔雨点飘零，却无法打湿农家人的衣服，是个非常舒适和享受收成的季节。山野里还滋生了各种野生菌群和野果，给我们的生活增添了无数的美味。

故乡并非高山野岭、深山老林，只是在雪峰山与江南丘陵的交界处，大片的松树林漫布在大大小小的山冈。每当秋风萧瑟，松叶飘落之时，地上覆盖着厚厚的一层松树枯叶，地表织上金黄的松叶锦。随着秋季的深入，织锦由金黄色向黑褐色转变。洒下的零星雨点，经过树叶阻挡，滑落到枯锦上，慢慢腐化消融，飘散着霉味，锦下攀满霉丝。枞菌在秋雨的催促下随着雨滴来到人间，钻出腐叶，竖起它的小伞，招引甘露和农人的采摘，来到故乡人的餐桌上。

秋雨连绵，农人无法收割花生、玉米、稻谷、红薯等农作物，多歇息在家里，看着飘洒的雨点遐思。偶尔想起祖先的生活，是靠野果和菌子活命的，故乡人就背起丢弃的背篓，穿越在低矮的松树林里，寻找他们酷爱的美味——枞菌。

故乡出产著名的三蒐：树蒐、竹蒐、茶蒐，是主要的外贸产品，用来换取盐巴和生活物资。虽然松树繁多、长势茂密，却不是销售的主要产品，只能用于造房，修筑自己的家园。

中秋节前后，故乡的青壮年劳力都要进山劳作，主要工作是砍伐硕大的树木，包括竹子、杉树、松树、梓树、株树以及优良杂木。竹子、杉树砍倒后在山里卧上一个冬天，第二年春水暴涨，随着山溪进入资江，走出大山来到外面的世界。松树、梓树、株树是二等木材，农人用于建房，在冬天大兴土木，建设渴望的家园。

枞菌主要生长在低矮的松树林里，深山老林不多见。低矮的松树林主要靠近农人耕种的地方，在开垦后荒芜的土地上。几年的工夫，漫山遍野的荒坡上，风力播下松子，小松树林茁壮成长，非常茂密，长势喜人。在春雨的催促下，在夏日的照耀里，在秋雨的滋养中，小松树林青翠鲜嫩、欣欣向荣，也滋生了林中的枞菌，吸引了农人的关心。

酷热的夏季，山野的农民非常难熬，希望秋日早些到来，凉爽舒适。秋天的到来以立秋下雨为准。立秋之日下了雨，叫做润秋，就可以种荞，得到半季收成，人们也盼望枞菌这种美味的出现。立秋之日没有下雨，那就没有润秋，接的日子是二十四个秋老虎，连续晴二十四天，更加酷热难当。农民多么希望中秋来点秋雨，洗刷一下酷热，欣赏中秋圆月。

秋雨过后的松树林里，除了枞菌，还其他野蘑菇，更诱人的是山果，猕猴桃、八月桂、百合等都可以顺手采摘，及时品味。农民忙里偷闲，找到生活的欢乐，吃到甜蜜的野果和美味，更增添了收获的喜悦。

中秋捡蘑菇，是故乡童年的一件快乐事。故乡的大人，为可以捡蘑菇吃野味而高兴，也意味着冬天不远，夏日远去。故乡的小孩，光着脚丫漫山遍野地寻找蘑菇和快乐，枞菌是主要目标，也兼顾收集其他野果。孩子们穿行于松树林里，看到冒出来的枞菌，心里欢天喜地，又喊又叫，却轻摸着枞菌的柄，把它从土上摘下，不管枞菌上粘着的沙粒或者松树叶，拿在手里，喜滋滋地抚摸。特别是新生的蘑菇很滋润，用手摸着边缘，光滑处透出凉爽的味道，代表着秋天的气息。

枞菌是种群生菌，喜欢生成一圈一圈的，据说松树腐叶底下的菌丝会连在一起。当小孩找到一个枞菌，就会找到大片大片的枞菌。小孩先悄悄地采完，才会叫喊：这里有好多蘑菇，其他的小朋友听到喊声跑过去，叫喊的人早已溜到了其他松树林里，寻找新的蘑菇群。

这样的秋天和雨点，就是我快乐的童年时光和现在时常回忆的对象。

山胡椒

梅山人最亲密的调味品

七夕采摘的山胡椒子可以祛百毒，成了梅山人的救星。

梅山人喜欢吃荤腥食物，对牛羊肉趋之若鹜。凡是有腥膻味的菜肴，梅山人都放山胡椒子来祛味。

山胡椒是梅山人最亲密的调味品，每家每户都离不开它的味道。山胡椒树在梅山的山野里最常见，是砍柴、烧火的好杂木。在经过刀耕火种的熟地上，荒芜几年后，山胡椒树长得最快，几年下来就可以开花结子，也可以做柴火之用。

在梅山深处的新化、安化交界的大山里，人们迷信山胡椒，更迷恋山胡椒油的气味和味道，没有山胡椒油的菜，他们吃着不香。山胡椒纯属野生，没人种植，靠自然的力量让它开花结果，让它繁殖生长。

每年夏天，大山里枝繁叶茂，山胡椒子挂满枝头，从树叶缝里露出脸儿，寻找它的主人。劳作在大山中的梅山人们，到了农历六月间，开始注意路边的山胡椒树，记下长满山胡椒子的山胡椒树。等到农历七月初七，山民派家里善于攀爬的孩子去采摘山胡椒子，作为一年之用。

农历七月七日，是梅山女人的七夕。梅山的女人，在孩子小的时候，就要给他们讲七夕牛郎会织女的故事。七夕那天，女人告诉孩子，今天看不到喜鹊，给牛郎织女搭桥去了。梅山妇女，七夕的清晨就开始忙活开了，清早第一件事是洗漱，最主要的是用稻草灰冲水洗头。整理完家务，女人换一套崭新的衣裳，打扮得像新娘子一样，等待爱人的夸奖。

梅山七夕，每年都艳阳高照，从没有天阴和下雨的时候。因此，梅山的女人要在七夕里晒自己的衣裳，把一年里的衣裳全部搬出来，晒在谷坪里或者栏杆上，花花绿绿地挂满屋前房后，非常耀眼迷人。勤快的女人，连家里的被子、鞋子都要拿出来晒一遍。这天，女人只要晒衣裳，不要干其他的农活。据说，七夕晒过的衣服，再也不会生霉长虫了。

采摘山胡椒，梅山人很讲究，太阳出来后，阳面山坡上的山胡椒树呈现在阳光下。等太阳把树叶上的露珠晒干，梅山人再连枝带叶采下山胡椒子密集的树枝，不丢地上也不碰露水，直接连枝带叶背回家，放在筛子里，摘下山胡椒子。山胡椒子一般几粒结在一起，蒂、柄与枝相连。农民为了保持山胡椒子的浆汁，连柄带蒂摘下。在七夕的阳光下暴晒一天，青色的山胡椒子就晒干了，变成漆黑色，表皮皱纹累累，蒂、柄脱落。农民用纸包起山胡椒子待用。

山胡椒子常常出现在梅山人的餐桌上，并且广泛使用，有祛毒、祛风湿、调味等作用。梅山人喜欢吃荤腥食物，对牛羊肉趋之若鹜。凡是有腥膻味的菜肴，梅山人都放山胡椒子来祛味。梅山菜肴，山胡椒起到绝配作用的是与牛、羊肉及牛羊杂碎的结合，山胡椒子完全改变牛羊肉原有的腥膻味，显露出山胡椒的味道和肉的香醇。

梅山深处，高山峻岭，溪流交错，到处上坡下坳，多以耕种为业。梅山人喜欢养牛羊，牛用于耕种，梅山人对牛特别器重，不敢有丝毫怠慢。冬天，农家煮谷子、打冬茅喂耕牛，牛养得胖墩墩，长膘肥体。羊在山野里便于放养，繁殖快，冬天可以温胃暖身，也可以卖钱。

梅山的严寒过后，山野春暖花开，青草漫山遍野，猫了一冬的耕牛和羊看到翠绿的青草，馋死了，一个劲儿地饱吃贪啃。开春季节，春雨绵绵，四处露水，山坡溜滑，一不小心，牛羊就会跌下山崖，摔死跌伤，一般很难医治，农民只好贱卖或者杀了吃肉。稍微暖和，山花烂漫，梅山恐惧的牛瘟开始，蔓延迅速，兽医无法治疗这种怪病，牛羊只好等死挨刀。

梅山人多为山野之人，很难吃到荤腥。摔死、发瘟的牛羊，无法卖掉，只好自家端上餐桌，填饱肚子。梅山人春天不吃牛羊肉，怕青草毒。唯一可以祛青草毒的是山胡椒子，特别是七夕采摘的山胡椒子可以祛百毒，成了梅山人的救星。人们把牛羊肉切成大块，猛火煮开，温火炖熟，加入山胡椒子和姜，慢慢炖。做菜的时候，再猛火煮开，改刀切片，配辣椒等菜共炒。这样的牛羊肉，没有病菌传播，人们可以放心食用。

1957年，全国大炼钢铁，梅山深处的圳上镇托山村，村民没有找到铁矿和废铁，无法炼钢。几个农民发现山胡椒子可炼油，清澈透明，像传说中的飞机油。他们把成熟的山胡椒子摘来，采用蒸馏的方法提炼山胡椒油，并用小瓶装好储存，成为附近农民的抢手货和必备品。人们做牛羊肉，只要放一两滴山胡椒油就可以调味。

从此，山胡椒油在梅山人中流传开来，成为神奇药油，也成为新化八大碗的必备调味品。

剁辣椒

湖湘乡村的一处景致

在湘西山区，还有一种很特别的剁辣椒，叫酸剁辣椒。它比菜辣椒辣味浓重，味辣而鲜感，口感偏重。

湖南人最普及的辣椒加工制品是剁辣椒，红艳艳的辣椒碎末，很是惹人喜爱。

辣椒原产于中南美洲热带地区，是印第安人的调味品。1493年传入欧洲，16世纪末作为花卉引入中国。明代戏剧家、饮食学者高濂《遵生八笺》有辣椒进入中国的记载："番椒丛生，白花，果俨似秃笔头，味辣色红，甚可观。"

辣椒传入中国，有两条最直接的途径：一是经过马六甲海峡进入南中国，在云贵、两广一带种植；一是沿着古丝绸之路从西伯利亚进入甘陕地区，在我国西北栽培，形成南北两种食辣风格。最先食用辣椒的是贵州及其相邻地区，清代康熙年间，辣椒曾在贵州土苗地区用以代替盐巴，送吃食物。乾隆年间，贵州、云南镇雄和湖南辰州开始大量种植、食用辣椒，形成最早的中国辣椒带。湖南一江一湖四水，水患灾害频繁，气候潮湿寒冷，冬天湿冷，夏天炎热，引进的辣椒具有祛风散寒、通经活血、开胃健胃、抑菌止痒、防腐驱虫的作用，对伤风感冒、脾胃受寒、关节疼痛、脚手冻伤等有疗效，受到湖南人的欢迎。

湖南人最普及的辣椒加工制品是剁辣椒，红艳艳的辣椒碎末，很是惹人喜爱。经过加工后的剁辣椒，最大限度地保留了鲜椒的鲜、香、脆、辣等原始口感，在腌制过程中又去除了生涩味和生青气，增添了部分微酸又渗透出甜的口味，适宜我们直接食用或者添加到其他菜肴中。湖南人把剁辣椒，喜欢叫成剁辣子、坛子辣椒。因为收藏久或者水分少的缘故，辣椒颜色暗红，口感不酸。剁辣椒加工简便，家家户户都可以生产。人们选择辣味浓重、干物质较多的鲜红辣椒，去除杂物，剪除辣椒蒂，洗净、晾干，剁成碎片，加少许精盐或白酒搅拌均匀，装坛密封，一个月后剁辣椒已成，即可食用。

湖南人做剁辣椒很讲究季节和天气，在酷暑的盛夏，很少有家庭去做剁辣椒，因为气温过高，剁烂的辣椒容易腐烂。盛夏也是湖南人晒白辣椒、辣椒皮的季节，只要辣椒长大就摘了，根本无法等到它变红。秋风起时，气温降低，天气开始凉爽，满山遍野红艳艳的辣椒已经无法再去晒白辣椒，也无法吃完，还要乘着秋收季节抢收，储存起来准备冬天食用。人们选择最辣的羊角椒，摘下来去蒂，加生姜、大蒜在案板上或木盆、木桶里剁碎，剁得越均匀越好，然后按一斤辣椒一两盐的比例，加少许米酒，腌制在陶瓷坛子里。坛口有水槽，扣上盖，放冷水，剁辣椒完全隔绝空气，辣椒不会腐烂，进行自然发酵。做好的剁辣椒放置在阴凉的地方，发酵后的剁辣椒微酸，辣味柔和，吃起来爽口微甜，很清脆，很有口感。

湖南人做剁辣椒，是湖湘大地上乡村的一处景致。秋风吹干了辣椒树的叶子，飘落在地，房前屋后全晒满了红火火的辣椒，堂客们停下手头的其他工作，开始一年中最特别的剁辣椒加工。她们把辣椒蒂摘下，洗净辣椒的泥土，晾干水分，便开始剁，只听到菜刀剁在案板上、木盆里的砰哒砰哒的声音，此起彼伏的砰哒声连成一片，既有节奏感又有伴奏音，还夹杂着连续不断的喷嚏声，极其活跃，有收获的快感。常用的剁辣椒木盆，只有脸盆大小，却要深一倍。木盆太大，剁碎的辣椒四处乱滚，碎末飞溅，剁时无法集拢；木盆太小剁起来不受力，效率很低。堂客们弯着腰用菜刀剁辣椒，非常费劲，并且腰酸背痛。她们改用剁铲或者红薯铲，在铁铲上装一个米多长的木柄，握住铲柄往下直剁，既省心又省力，速度也快。有些人怕把木盆剁坏，习惯在木盆上放一块菜板垫底。真正的剁辣椒高手，是不在木盆里加菜板的，她会根据辣椒的厚度去用力，下铲速度快，落铲时用力重，收铲时轻轻带起，这样辣椒都剁碎了，木盆却毫无损伤。辣椒不能剁得太粗，也不能剁得太碎，一般半厘米见方，容易发酵，吃起来更有口感。

在湘西山区，还有一种很特别的剁辣椒，叫酸剁辣椒。湘西山区是苗族、侗族、土家族比较多的聚居区，她们习惯吃酸食，有"无酸不入口"的爱好。湘西凤凰做剁辣椒，就是酸剁辣椒，原料用本地辣椒，比菜辣椒辣味浓重，味辣而鲜咸，口感偏重。如果秋季在凤凰旅游，清晨或傍晚听到沱江边的砰哒砰哒声，那是居民家里在剁辣椒，他们家家都会腌剁辣椒。而凤凰剁辣椒腌制的最佳时期是暑假过后，通常每家都会腌一大坛子剁辣椒，他们可以吃上一年。

剁辣椒可以炒酸辣土豆丝、白菜梗，酸辣爽口，开胃下饭；也可以用来炒肉、鸡杂、猪肠、猪肝等，配上芹菜，既不腻人，辣味也适中。

豆腐脑

为了一种温暖

母亲告诉我们，豆腐脑凉性，不能多吃，红糖是温补的，老人要吃红糖豆腐脑。

> 我从小就喜欢吃豆腐脑，也盼望吃豆腐脑，在我的家乡梅山深处的新化，豆腐脑一年只能吃一次。

豆腐脑是湖南的一道名小吃，不仅流通于城市的街头巷尾，被青年男女所追捧，更在农家被重视，成为父母给孩子的一种温暖，中年人给老人的一种温馨和回味。

我从小就喜欢吃豆腐脑，也盼望吃豆腐脑，在我的家乡梅山深处的新化，豆腐脑一年只能吃一次，那就是腊月过年打豆腐的时候，是我们的稀罕物。

每当腊月来临，母亲就会吩咐我准备几担带树叶子的干柴，我就知道母亲准备磨过年豆腐了。梅山深处的新化，是雪峰山的尾端，山势不高，却有些陡峭、挺拔。山村的冬天，农家需要用柴火来取暖，一般烧棍子柴，可以装到火盆里烤火。我们把带叶子的柴叫毛柴，燃烧时火力大，却没有持续性，需要不停加柴。

磨豆腐是乡村一项繁琐的劳动，要经过破豆、浸泡、磨浆、过滤、加膏、烧浆、凝结、压榨等阶段。破豆是把晒干的黄豆磨烂，筛去黄豆皮，冷水浸泡一夜，第二天早上用石磨碾磨成浆，洁白的豆浆沿着石磨边沿往下流，进入木槽，流入木桶，磨完浆，洗干净石磨上的浆水，倒入洗干净的大气锅中，用毛柴烧开，等浆水开后，用土白布过滤，揉挤豆渣中的水分，加入烧熟的石膏粉，再次烧开，称之烧浆。烧浆要烧大火，又不能烧焦，否则浆水太老，豆腐量少。烧开的浆倒入木桶，盖上盖了，沉淀几分钟，浆水凝结成块，等全部凝结在一起，就成了豆腐脑。

家庭主妇搬出一叠饭碗，揭开盖子，打出豆腐脑上层的泡沫，用碗沿着木桶的边轻轻刮过去，端正其碗，多半碗豆腐脑已盛出来。我喜欢看母亲这个动作，既优雅，又洒脱，划过的弧线很优美。我们姐弟几个一个接一个地把碗递给母亲，等待母亲的赐予。最后，母亲会喊一句，还有一个碗呢？如果我们只顾自己吃，母亲又会喊，给你奶奶拿个碗来！我会再送一个碗去，母亲再盛一碗。

母亲盛完豆腐脑，抱起木桶搬到台阶上，在匣里铺上包袱，用瓢把豆腐脑舀到豆腐匣里，包裹好豆腐，盖上盖子，压好石头，她才回到堂屋的八仙桌边，给我们放糖。罐子装的是白糖，母亲给每只碗里放一勺子，放完，母亲收起罐子，拿出一个红糖罐子，给奶奶的碗里放两勺红糖。母亲告诉我们，豆腐脑凉性，不能多吃，吃多了会发颤，即痛风。红糖是温补的，老人要吃红糖豆腐脑。家里如果有怀孕、坐月子的女人或亲戚在场，母亲会在她们的豆腐脑里加片黄糖（片糖），吃了不会凉坏身子，还有滋补效果。

豆腐脑放了糖后，要搅动几下，整块豆腐脑被搅碎，豆腐脑逐渐沁出淡黄色的浆汁。我喜欢用瓷勺子舀着吃，瓷勺子温温的，被我吸进豆腐脑后，好像还可以吸出汤汁一般。金属勺子不是太烫就是冰凉，给嘴唇的刺激较大。豆腐脑送进嘴里，带着淡淡的甜味，从舌尖滑过，倏地一下转到舌中，滑进喉咙。那悠然和滑滑的感觉，既有点儿痒，又有那种无法形容的快感，舒服得有要喊出来的样子。当豆腐脑落入喉咙，白糖的甜味从喉咙逆流而上，一直透过牙齿。豆腐脑越吃越甜，越吃越入味。开始的浆水寡淡，透出石膏味，慢慢的石膏味不见了，剩下清水的甜味，接着是白糖的甜味，最后才是糖腻味。我往往喝到最后一点，就不喝了。

我吃过红糖豆腐脑、黄糖豆腐脑，都不太喜欢。红糖豆腐脑甜味太腻，有种油油的感觉，还有甘蔗的味儿。黄糖豆腐脑有些淡，有白开水的味道。后来，我琢磨家乡的主妇要小孩用白糖拌豆腐脑，那是为了味正，吃得纯正，矫正小孩的口味。

我来到城市，在长沙的街头巷尾，每天都遇到卖豆腐脑的小贩，他们挑着一担木桶，边晃悠边叫卖。夏天，他们一桶豆腐脑一桶凉粉；冬天，他们一桶豆腐脑一桶水豆腐。我开始还买着吃，吃了总觉得不是家乡的味道。喝了几次，我发现长沙的豆腐脑，卖主喜欢放白糖，一般小碗豆腐脑两三勺白糖，吃的时候只有甜腻味，没有豆腐脑味。吃时，小贩给你只塑料勺子，吃得打嘴。

每年春节回老家，母亲要给我盛一大碗豆腐脑，我却还是按以前的食量，只吃多半饭碗，觉得过瘾、舒服。母亲要我多吃一碗，我总是回绝，不想吃伤，好时时刻刻怀念和回味。

白溪煨豆腐

话说乾隆微服私访

白溪豆腐最有特色的是煨豆腐。煨豆腐吃起来外面坚韧清脆，里面滑爽细嫩，甘甜爽口，豆香扑鼻。

白溪豆腐历史久远，制作精细，原料讲究纯净，磨浆细腻如乳，烧浆用石膏要恰如其分。成品洁白细嫩，久煮不散，鲜美可口。

白溪镇位于新化县城北部40公里，有2000余年历史，曾是蚩尤和梅山文化的发祥地，有"小南京"之美誉。古镇八景中外知名，白溪水豆腐更是名震天下。白溪镇坐落在资江边，资水四十八溪，溪溪产一绝，最具风采的是白溪豆腐绝。

秦统一中国后，新化居民依然"椎髻徒跣，断发纹身，耕田有邑，水行山处，不服王化"，世称梅山蛮。宋神宗熙宁三年（1070），梅山正式归附朝廷，设上、下两邑，上邑为新化，取"王化之新地"，下邑为安化，取"人安德化"之意，白溪在梅山上邑。

民间所说白溪，泛指油溪、青实、邓家、何思、檀山、水月、鹅溪、横岩、东富、荣华、澧溪、圳上等乡镇。白溪地处大熊山南麓丘陵，跨资水两岸。资水从南塘入境，在石子湾改向西流，经爱民出境去荣华，境内河段20公里，水域宽广。白溪境内有油溪、白溪、思本溪等支流，明丽如镜。油溪从坪溪入境，经油溪乡注入资水；白溪从吴家台入境，汇合董溪、鹅溪，经白溪大桥注入资水；思本溪从新源入境，经民新村注入资水。

白溪原先是片白沙洲，树木丛生，十分清静，稀疏地住着几十户人家。

白溪最初的豆腐是豆糊，由一户外来的老太婆所制。豆腐洁白如雪，邻居都跟她学做豆腐。有一回，她们洗包袱的小溪旁冒出一股泉水，抬头看见正南天空有朵莲花云，上面立着观音菩萨。众人马上焚香烧纸，祷告祈求。后人在洗包袱的地方修建金佛殿，殿旁挖口井，名金殿井，井水清澈甘甜，如今被水淹没。

民间传说乾隆微服私访江南，途经白溪，夜宿村头小店。店主是当年跟老太婆学做豆腐的人的玄孙，不知道客人是当朝天子，只拿水豆腐招待。乾隆细尝慢品，越呷越觉得鲜嫩，又要"再来几盘"，店主连送三盘，乾隆好不欢喜，连歇九宿。临走吩咐店家备笔墨，题写"走过天下路，白溪好豆腐"。店主把匾额悬挂厅堂。某日，一翰林游学于此，见匾额口呆目惊，忙问店主。店主讲述其经过，翰林说："这是当今天子御笔。"众人不解，为何天子将"白沙"写成"白溪"。店主回忆说乾隆爷当时多喝了两杯，将白沙错写成白溪了。白溪便从此传开，一直称呼至今。乾隆回朝不久，即宣白溪豆腐进贡。

白溪豆腐吃法很多：鲜嫩的水豆腐开汤，拌以葱叶、生姜等作料，色、香、味俱全，尤以鲜、香为著，入口生津，落肚口有余香。用洗净后的泥鳅拌鲜豆腐，锅内温度升高后，泥鳅钻进豆腐里，吃起来又鲜又甜，别有风味。鱼冻豆腐是白溪一带人家过年必备的佳肴，它以新鲜鲤鱼拌豆腐、白辣椒煮熟，冷冻后再吃，入口即化。

白溪豆腐最有特色的是煨豆腐，新鲜的水豆腐难于保存，白溪人民利用当地的地理条件，初加工水豆腐。白溪及周边地区是薪柴比较集中的地方，农民多用柴火煮饭做菜，很多食物烟熏火烤。水豆腐不适宜烟熏火烤，农民就利用柴火燃尽余下的火星及草木灰的余热，在做完饭菜之后，拨开火星，在滚烫的草木灰里挖个坑，把水豆腐平整地放在坑里，盖上草木灰，经过一个晚上的余热烧烤，水豆腐的水气收敛干后，豆腐质硬坚挺，拿提随便。其实，水豆腐的一部分水分被草木灰的余热烤干，另一部分被草木灰吸干。把煨过的豆腐拿到溪水里浸泡四五分钟，用手轻轻揉搓豆腐表面，洗得泛白，豆腐放太阳底下收干表面水气，晚上用铁丝筛架在灶上，豆腐平铺在筛子里，经过一两夜烘烤，煨豆腐半干。

　　炒煨豆腐，先切成薄片，锅内多加一层油，油烧开后，豆腐片平铺锅底，豆腐很快被炸黄或起小泡，翻动豆腐，不停炒动，等另一面微黄，加盐、辣椒粉、味精等作料，稍微加点水，水收干即可出锅。

　　煨豆腐吃起来外面坚韧清脆，里面滑爽细嫩，甘甜爽口，豆香扑鼻，是很好的下酒下饭菜，也可以做点心、零食。细细品味煨豆腐，真是别有一番风味。

铁山杨梅

梅雨季节的惦记

《本草纲目》载，杨梅可生津、止渴、调五脏、涤肠胃、除烦愦恶气。

铁山杨梅有近六百年的历史，有无数的杨梅树。铁山虽然以前不为外人所知，在娄底境内还是闻名遐迩，有"杨梅之乡"的美称，被写进娄底的乡土教材。

长江以南地区，每年有个时节叫做梅雨季节，也就是当地人吃杨梅的日子。在湖南，杨梅是种很受欢迎的水果，也是湖南人对季节的惦记，每年春雨绵绵，就惦记着树上的杨梅早点由嫩绿变青，由青变黄，由黄变红。

湖南杨梅，远近闻名的有两个地方，一是铁山杨梅，产于娄底冷水江市渣渡镇铁山村；一是靖州杨梅，产于怀化靖州苗族侗族自治县。我个人比较喜欢铁山杨梅，并且一吃就是三十年，每年梅雨季节都会想它。

走进冷水江市渣渡镇铁山村，不论你走到哪里，不管是山上山下、屋前屋后，农民都栽满了杨梅树，为他们的收入加码。每年阳历六月，端午节前后，铁山的杨梅就成熟了，空气中弥漫着杨梅的味道，那酸酸甜甜的气息飘荡而来，让人不得不多吸几口酸甜的空气。当铁山杨梅熟透了的时候，放眼望去，漫山遍野是绿中透红、红中有白的杨梅果，过往行人见到那梅林，顿时口中生津，精神振奋。我曾到铁山杨梅产地去过几次，在杨梅成熟的芬芳里陶醉，在回家的路上回味。想着那挑着担子卖杨梅的小贩和上山去采杨梅的姑娘的吆喝声组成的最美妙、最和谐、最热闹的交响曲，我就不由得想与他们相互唱和、相互呼唤，融入他们的生活，做个铁山种植杨梅的农民。

铁山村群山连绵、山清水秀、群峰起伏、重峦叠嶂，与外界相距甚远。铁山杨梅有近六百年的历史，有无数的杨梅树。铁山虽然以前不为外人所知，在娄底境内还是闻名遐迩，有"杨梅之乡"的美称，被写进娄底的乡土教材。

铁山杨梅种类繁多，大的有核桃般大，肉厚核小，分乌白两种。乌梅水分饱满，溢于外表，用手轻轻一拈，即印上指印，落口即刻消融，甜中微酸，沁人心脾；白梅呈乳白状，且透明，汁液含蕴。小的称金钱梅，有大红、紫红、黄、棕、麻花等诸色，味酸肉硬，一口咬下去，酸得让人牙齿打颤，却是清新调味的佳品。市场流通的铁山杨梅是产于涟源、冷水江、新化等县市的杨梅，真正的正宗铁山杨梅产地面积极小，仅产于冷水江市渣渡镇铁山村及其周边村落，多为老杨梅树的果实，酸甜有劲，汁水丰富，一口咬下去，满嘴杨梅汁，不但解渴，还津津有味；用来泡酒不掉刺，汁水多，颜色鲜艳，酸甜开口。在20世纪90年代，铁山村民为了发展杨梅产业，从浙江引进新的杨梅品种，或者嫁接或者栽培，覆盖了铁山村的大多数空地，所产的杨梅果实颗大味甜，色艳鲜美，大受市场欢迎，在泡杨梅酒时去掉老刺，味道不再鲜美。所有新品种多用于生吃，老品种多用于泡酒。

早在元朝末期，有人就开始浸泡杨梅酒，口感独特，香味浓郁，口味香醇。《本草纲目》载，杨梅可生津、止渴、调五脏、涤肠胃、除烦愦恶气。杨梅制酒，有浸泡杨梅酒和酿造杨梅酒两种，酿造杨梅酒又分干红、干白。酿造杨梅酒的工艺流程要经过选择、清洗、绞汁、加热、发酵、加料、贮藏、装瓶、杀菌等过程，用蒸馏的方式进行，但是杨梅必须汁多核小、新鲜成熟，摘除果梗，去掉枯枝败叶。干白酒色澄清透亮，呈浅禾黄色，口感清爽柔和，具新鲜怡悦的杨梅果香；干红不苦不涩，果香馥郁，清爽可口，柔和细腻。干白开胃，干红佐餐。

铁山当地最流行的杨梅酒是浸泡杨梅酒，家家户户生产，人人能饮。特别是上了年纪的人，他们一日一杯杨梅酒，身体健康长寿。铁山的浸泡杨梅酒由杨梅、白酒、冰糖组成，按4：5：1的比例浸泡在一起，白酒必须没过杨梅一两厘米，杨梅才不会变质。喜欢口味甜些的村民，他们会多加些冰糖，酒就甜腻些。在详细了解杨梅酒时，有一位老农告诉我，还必须选择杨梅、白酒和泡酒的容器，杨梅需要个头大、颜色深红、手感干爽，这样的杨梅才又熟又好，是甜杨梅。颜色鲜红的杨梅带酸香味，是没有熟透的杨梅。酒最好是45度左右的清香型纯粮酿造的白酒，低于35度的白酒不能浸泡杨梅。容器要广口密封玻璃器皿，方便取放杨梅，也可以随时观察杨梅及杨梅酒的浸泡情况。

浸泡杨梅的时间不宜太长，以一个月为宜，浸泡时间越久，酒色越深。浸泡时间满一个月后，需要把杨梅取出。泡好的杨梅酒存放的时间可长可短，根据个人口味而定。浸泡了白酒的杨梅，那是一种美味，千万别丢弃，盛夏时节，可以用来消暑，食后顿觉气舒神爽，可以消暑解腻；有拉肚子等毛病，吃了即可止泄，具有收敛作用；还有消食、除湿、生津止咳、助消化、御寒、利尿等功能。

我这次与朋友到铁山，特意带回了几斤六百年老树上产的杨梅，用来浸泡白酒。泡过的杨梅用保鲜袋包好，放在冰箱里保存，作为夏天的美味。杨梅酒用玻璃容器盛着，非常鲜艳，每天喝一小杯，神清气爽。

一个柑橘的思想

在食味中解悟

为什么我童年吃得
那么香甜的柑橘现在变得
那么苦了呢?

我是一个算得上可以吃苦的人，生活也过得一点都不马虎。为什么我童年吃得那么香甜的柑橘现在变得那么苦了呢？

这几年待在城市，过惯了钟点生活，把爱吃零食的习惯给戒掉，却从来没有戒掉品味美食的兴趣，一有时间就三五成群地进酒店、下馆子"腐败"。虽然是掏自己的钱，哥儿几个还是吃得很欢。

昨天，一个同事下乡回来，顺手递给我一个柑橘。

记得住乡下的日子，我特别爱吃柑橘。剥开柑橘皮喷出雾水的那种味道，让我每次兴奋不已，吃柑橘都那么精致，把一根一根的筋络撕掉，再慎重地塞进嘴里。我还爱吃煨熟的柑橘，那剥皮时是汁水四溅，带着芬芳、带着酸甜，加点糖，吃得却另有一番风味，据说还可以治咳嗽治感冒呢。

我接了，剥去皮，把筋络撕得干干净净，掰一瓣塞进口里，才知道柑橘不仅酸味甚浓，还有一股好大的苦味，按城市里的说法就是难以进口。我还是咬了一口，全身却打了一个寒颤。剩下的部分我再也没有勇气吃下去了，丢进垃圾桶。

晚上睡在床上，我翻来覆去睡不着觉，心想，我与八年前的我没有多大的区别，没有什么改变，还是沿着以前的步子在往前走。与身边的同事、朋友相比，我是一个算得上可以吃苦的人，生活也过得一点都不马虎。为什么我童年吃得那么香甜的柑橘现在变得那么苦了呢？我又想：难道柑橘是苦的吗？这个应该不科学，就是说柑橘变异，也不至于在几年里面就变得面目全非了。再有就是说现在的空气污染严重，也没有感觉到其他的水果变异，连那些科学家都没有发表过这样的观点。并且我还问了办公室的其他同事，他们也说柑橘很苦，这样证明我的味觉功能没有问题。到底是什么出了问题呢？

我又吃了童年爱吃的糍粑，也觉得没有什么味了，那记忆里的甜也淡去很远，有时我在怀疑自己是不是好的吃多了就变得分不出好坏了呢？但是我不敢承认，如果我要承认就说明我是腐败分子。其实我真的不是腐败分子，只是一个美食爱好者，并且也是吃自己攒的钱。

后来，我终于找到了原因：那就是人类的欲望。当一个人获得某种提升后，就会往更高的方向迈进，寻找自己的巅峰，走向辉煌。从另一方面来说，人得到了某种东西，就会对某种东西慢慢厌倦、麻木，不甘于停留在原地，积极的说法是上进。

然而，人类的原始欲望主要是看用在什么环境之下，要是积极的方面就促使其进步，如果走向消极，人就会变得享受、腐败。

玉米粑

新化老家的习惯

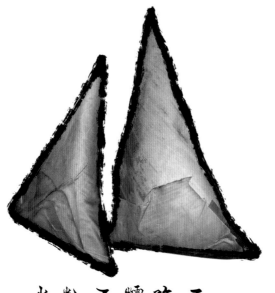

玉米粑冷却以后，三四天不变味，再次蒸热吃，清香依伯，甜味变淡，糯柔减弱；冷吃清香幽长，玉米粑咬下来以后呈小颗粒状，比较干燥，需要喝水下咽，回味香甜。

新化老家，有吃粑粑的习惯。把生产的五谷杂粮都做成粑粑，一是他们长期以来形成了吃粑粑的生活习惯，二是他们的生活模式所需。

2013年7月9日从成都出发去湖北神农架，经邻水、垫江、万州，走奉节、巫山，进入湖北巴东，10日中午在巴东沿渡河镇吃午饭，遇到当地老太太在卖玉米粑，买了几个尝尝鲜，味道与小时候母亲做的玉米粑非常相似，让我想起了小时候吃玉米粑的经历。

老家新化，属于雪峰山向江南丘陵的过渡处，是地道的山区。我家住的圳上镇更是两岸高山峻岭，形成一条大峡谷，人多居于峡谷中，两岸山林为耕种之地。这种较陡的坡地，种植几年之后，表层土壤就会顺着斜坡下滑，顶端的土地慢慢贫瘠，露出岩石，只能栽树，任其荒芜。耕地一年比一年减少，农民没别的办法，就每年开荒增加土地。

开荒属于刀耕火种，在冰雪融化之后，大地还没有变绿，农民利用农闲时间，选定一片砍伐了树木的山林，进行彻底地砍荒，把树木、杂草、荆棘一律砍倒。农民一般把树木的躯干遴选出来，晚上带回家作柴火。从山脚一直砍到山顶，树枝、小杂木、杂草、荆棘铺满一地，两边留一条大鸿沟，清理得干干净净，连树叶都没有一片。经过太阳的烘烤，砍倒的植被几天就会晒成半干。农民在山脚下点一把火，大火呼呼隆隆、噼里啪啦，在风力的作用下，呼啸而过，上方浓烟滚滚，漫山遍野地烧起来。如果两边和山顶的防火措施没有做好，大火就会烧到其他的山林。

大火过后，遍地漆黑，到处是灰烬，农民清除掉地里没有烧干净的柴火，把粗壮的树干集中运回家做柴火。接着开始播种玉米，农民用挖锄挖一个脸盆大小的坑，种两三颗玉米籽，每隔一米远挖一个大坑，种的全部是本地的老玉米籽，不是现在的杂交玉米。本地玉米生长期长，玉米棒个大，一根玉米秆上可以长三四个大玉米。

玉米苗长到筷子高，就开始锄草。坡地上长出细小的杂草，都是一两寸深，用草锄刨过，表层的土地刨动，杂草的根刨断，太阳一晒尽死。地里的黄姜、天麻都长出嫩苗来，农民边锄草边把黄姜挖了，带回家切片晒干出售，天麻挖出来移栽到自家菜园子里。有喜欢种小米的农民，可以在锄草的时间播下小米种，锄头刨过，把小米种掩埋起来，在雨水的浇灌下发芽、长苗，再茁壮成长。

过一两个月，进入夏季，烧荒的灰烬成了最好的肥料。玉米地里的杂草疯长，用锄头锄草怕伤及玉米苗，农民只好用手扯草，大人带着小孩，一家人钻进玉米地里。玉米苗有两三尺高，杂草也有尺把高，遍地是绿色，一抓一大把，杂草扯掉，捆成一把一把的，放在种玉米的坑里，让其晒腐烂做绿肥。

接着，玉米开始打苞抽穗，一个个青玉米苞从茎与叶的缝隙里长出来。青玉米苞吐出玉米须，从白色到米黄色、黄色、红色、红褐色、黑色。玉米慢慢变老，直到中秋过后，玉米大部分完全成熟，成为老玉米，长约尺余，大约拳头。等玉米苞子、玉米秆子都变成枯黄色，玉米地里的小米也已经成熟，农民才准备收割。

农民挑着箩筐、麻袋，穿越那羊肠小道来到玉米地里，把箩筐放在山谷平坦的地方，背上背篓攀爬在斜坡上，走到玉米底下，伸手掰下玉米棒子，撕开玉米苞子，取出玉米，扔进背篓。有极少部分玉米是青苞子，农民连苞子掰下，扔进背篓，等掰满一背篓玉米棒子，小心翼翼走下斜坡，送到平地，倒入箩筐或麻袋里。中午，农民不带中饭，在山野里挖一个坑，拾来些干枯的树枝，用干枯的玉米苞引火，烧尽柴火，留下炭火，把青玉米连苞塞进火堆里煨玉米吃。玉米苞煨上十几分钟就熟了，农民用树枝挖出玉米棒子，外面的几层玉米苞皮已经烧掉，留下贴身的几层苞皮，苞皮已经枯黄，剥了苞谷皮，嫩玉米的芳香气味飘逸出来，甜腻腻的，烧香香的，带着嫩草的青味，马上弥漫四野。有的时间煨久了，玉米煨着了或者尖端的玉米籽黑了，农民边吃边用手背去搽嘴巴，嘴唇上的炭迹搽得脸上到处都是，成为一个大花猫。

玉米挑回家，老玉米连棒子在晒毡上晒干。青苞玉米有两种吃法，一是做嫩玉米籽，一是做玉米粑。玉米粑一家人吃的极其有限，大部分还是用来做嫩玉米籽。嫩玉米需要脱粒，把苞子撕开，脱去玉米皮，嫩玉米粒比较柔嫩绵软，脱粒需要技术，不能像老玉米那样，用棒子来脱，只能用手指，拇指摸着玉米粒的根部，一行行脱，不能几行一起脱，脱的速度不能太快，否则就把玉米粒捏碎，弄得手上到处是玉米浆。

嫩玉米籽的制作程序比较简单，把嫩玉米籽在水里煮到八成熟，滤去水分，在筛子里沥干水珠，放在太阳底下暴晒。秋高气爽，太阳炽热，虽不容易烤焦东西，晒干粮食还是足足有余。煮熟的嫩玉米粒在太阳的炙烤下迅速收缩，玉米粒越来越透明。两三天的功夫，嫩玉米粒完全晒干，缩小到四分之一的大小，与薏米大小相似，淡黄色，透明金亮。嫩玉米粒放在仓库里，可以收藏一两年不变质，农民多用于冬天煮嫩玉米籽吃，农民的吃法很简单，杀了年猪，有几块净骨头无法搞着吃，唯一的办法就是炆嫩玉米籽，农民利用烤火的时间，边烧火边炆骨头吃，在灶上炖一铁锅或者在火坑里煨一个大砂罐，放上骨头，加满水，把嫩玉米粒洗干净，一起放到锅里，慢慢炆，三两个小时之后，嫩玉米粒炆得开花，硕大的骨头早已浓缩，加点盐就可以吃了。骨头玉米汤鲜滑爽口，清新舒适，甘甜芳香。嫩玉米粒大如小指头，开了花，带着汁水滑香爽口、清新甘甜。没有爆裂的玉米粒饱含汁水，一口咬下去，甜腻的汁水在口腔里肆溢，芳香砰然而出，满口回香。也有农民用来炆猪脚、炆猪皮等，现在城市里流行的排骨玉米汤，就是承习炆嫩玉米粒的传统。

新化老家，有吃粑粑的习惯。把生产的五谷杂粮都做成粑粑，一是他们长期以来形成了吃粑粑的生活习惯，二是他们的生活模式所需。山里的汉子，干的都是体力活，在家里种地，每天都上坎下岭，回家吃中饭很耽误时间，随身带几个粑粑充干粮，既轻便又扛饿。山里的男人，很多时候还要外出从事务工的体力活，大概有放排、挑脚力、打短工等形式。

放排分竹排和木排两种，春汛之后，把冬天砍下的杉木、松木、竹子扎成一页一页的排，页与页之间叠起来，趁涨春水把排拖入水中。人站在排上，手握一根竹篙，不停地撑两岸的岩石，保持排漂流在河中心，一到夜晚，就要把排靠边，打尖过夜，吃干粮粑粑充饥。

挑脚力老家土话叫担脚，老家在20世纪80年代末90年代初才修通毛山公路，曾经只有一条新安两化的驿道，宽约米余，上垇下岭铺了青石板。山里产的茶叶、花生、黄豆、黄姜、半夏、木头等物资需要运送出去，山外的大米、布料、盐巴等物资需要运进来，都得靠人力，多是肩扛手提，几十上百里的山路，挑一担东西出去，带一担东西回来，来回一两百里，要走两三天，路上很少有饭馆，他们也吃不起馆子，靠吃干粮粑粑充饥。

打短工老家土话叫打粮工，有只包饭不给钱的、不包饭给钱的、既包饭又给钱的三种，农村不是每家每户都请人做事，只有那些年纪大了或孤儿寡母的家庭，经济状况还可以，农作物需要收获或者播种的季节，就要请男人打几天短工。出门打短工的男人，不一定出门就可以找到事，有的需要找几天，以粑粑为干粮。老家的粑粑，五谷杂粮都可以做，玉米粑、荞粑是最常见的，几天都不馊，冬天可以吃十天半个月。

玉米粑的制作比较简单。选择嫩玉米，需要技巧，过嫩不易摘取玉米籽粒，过硬做成的青玉米粑粑适口性差，最好的是用指甲掐进去有浆冒出，却不多。剥掉苞叶，扯尽玉米粒上的玉米须，抠下嫩玉米粒，洗干净，把脱粒以后的嫩玉米籽用石磨磨成浆，白色的稠浆流出石磨，有浓烈的青味，加少量的糯米粉揉成团，可以加少许白糖，用桐子叶或芭蕉叶卷成喇叭，把浆灌满半喇叭筒，剩余部分包过来裹紧，用棕叶子扎紧，稍微压扁成三角锥体，有巴掌大，四五寸长，半斤重，放在锅里的蒸屉上，锅里放水，刚好平蒸屉就行。再生大火，等水开以后蒸半个小时，玉米粑就熟了，芭蕉叶灰色。拆开芭蕉叶，色泽嫩黄，嫩玉米的清香浓郁，飘散开来，带着微微的甜腻味。一口咬下去，玉米粑酥软糯柔，玉米粑里形成无数的小孔，像蜂窝状，淡淡的清香，淡淡的甜，吃完后唇齿留香。

玉米粑冷却以后，可以随身携带，极其方便，三四天不变味。再次蒸热吃，清香依旧，甜味变淡，糯柔减弱；冷吃清香幽长。玉米粑咬下来以后呈小颗粒状，比较干燥，需要喝水下咽，回味香甜。

脐子油

寻找茹毛饮血的饮食踪迹

屠夫大声地喊某某的名字，等小孩站在他身边之后，他才把手伸进猪的腹内，摘取脐子油。

脐子油的味道很奇特，牙齿咬下去，有弹性，用力咬，却咬不断，又有韧性，咬几口之后，口腔里香气四溢，细嚼慢品，味道自现。

人类生吃源远流长，茹毛饮血的习惯在现代饮食中还保留了一些踪迹。梅山深处的屠夫，在杀猪开边时，有生吃脐子油的习惯，并在大众中普及推广。熟悉猪身上的每个部位是屠夫们必备的功课，猪的每个部位的功能和在菜肴中的食用价值他们必须清楚，才能在生意中立于不败之地。不然，这个屠夫就会闹出大笑话，成为别人传颂的口头禅，一世生活在讥笑中，并且被稍有文化的人视为卖猪肉的。我从小生活在梅山腹地的新化圳上镇。那十九年的时光，我见过数十位杀猪的屠夫，也亲眼见他们宰杀了上百条的活猪。大人们杀猪，我帮不上什么忙，喜欢围着观看他们杀猪。农民中流传生吃脐子油能祛肺火，所以很多父母都希望自己的孩子在杀猪时吃次脐子油。很多时候，家庭主妇在杀猪之前就会给屠夫一个交代，等开边取内脏的时候，把脐子油给她的小孩吃。

猪刮刨干净之后，准备进入开边的过程，被嘱咐的小孩就围在屠夫身边，等待脐子油的出现。猪的腹腔分为两部分，一部分在前面，为前仓，有猪肝、猪肺、猪心等直接连接猪舌；一部分在大腹，为后仓，有猪肠、猪肚、猪板油、猪脾等由食道与口腔连接。两部分之间有一道分隔膜，为隔仓膜，把腹腔分成两个部分。脐子油在后仓，与膜邻近。屠夫开边，取完胸膛骨，提出猪舌，让其悬挂，吊在那里，清洗干净。接着，屠夫从后腿之间正中轻轻划开猪皮。腹部是猪肠子等下水，不能用力过猛，否则会把猪肠子划烂，一肚子的猪屎。开始只能划开猪皮，取出肛门，搭在后腿上或要专人提着，再把划开猪皮的地方切开，露出内脏。

屠夫大声地喊某某的名字，等小孩站在他身边之后，他才把手伸进猪的腹内，摘取脐子油。脐子油并不大，一般为鸡蛋大小，也稍有大点的，洁白如板油，只是没有板油厚实和成整块，大概像朵大鸡冠花。屠夫用手一捏，摘下脐子油，就不成形了。才杀的猪，腹内还是热的，脐子油不会凝固，屠夫摘下脐子油，就要小孩张开嘴巴，他说啊啊啊，等小孩张开嘴巴，一把塞进他嘴里，等小孩明白过来，一坨热乎乎、光溜溜的东西就塞进了嘴里，在舌尖上打转，想吐都来不及了。如果不注意，脐子油就随着口水溜进喉咙。屠夫会嘱咐小孩，你别嚼了，直接吞下去。很多小孩都会按照屠夫说的去做，我却不直接吞下去，而是喜欢嚼，感受脐子油的味道。嚼脐子油的味道很奇特，牙齿咬下去，有弹性，用力咬，却咬不断，又有韧性，咬几口之后，口腔里香气四溢，细嚼慢品，味道自现。我越嚼越甜，脐子油的油脂嚼成小颗粒，在舌尖上打滚，在喉咙里跳跃，满嘴的口水，随着脐子油颗粒一起滑下喉咙，滚进胃里。剩下的脐子油筋络可以久嚼不烂，我不停地嚼动，口腔就不停地生津，越嚼香味越浓，越值得回味，就舍不得吞下去。吞下去半天之后，口里还是香甜可口、清新自然，好像吃了兰花、香草，满嘴飘香，并不像吃了油腻荤腥的食物，满嘴飘荡着腐烂的气味。

资氹嘡螺
美味经久不衰

吃资氹的嘡螺，虽然个头特别小，螺肉瘦瘦的，怪可怜的，却很入味。

对于美食追求者来说，吃嗦螺不得不放慢速度，忍住饥饿感，来慢慢品味的。吃嗦螺那吸的功夫就像男女之间那深情的吻，

在娄底地区流行一句顺口溜："吃在新化，玩在冷江，路过涟源，在娄底。"冷水江是座工业城市，以锑矿和火力发电闻名于世。冷水江除了玩之外，吃的美食也不亚于新化，它是从新化分出的，还保留着新化人好吃的血统和追求美食的习性。

冷水江市位于湖南中部，资水中游，东接涟源，西连新化，南临新邵。有一条从邵阳来的资江从市中心穿过，在城区扭成S状，像条风吹乱的飘带覆盖其上。这些年来，冷水江的农产品形成了响莲葛根、岩口葡萄、瑞生源杨梅酒、湘土情水酒、铎山牛肉等品牌，还形成几个农业特色系列，有以麻辣猪脚、麻辣豆腐等为主的麻辣系列，有以坛子酸菜、霉豆腐等为主的坛子菜系列，有以一滴香、宋师傅醋等为主的调味品系列，有以杨梅酒、水酒、米酒等为主的酒系列，有以资氮嗦螺、资江河鱼、铎山牛席等为主的特色小吃系列。

资江氮肥厂即邵阳的资江氮肥厂，与株洲湘江氮肥厂、岳阳洞庭湖氮肥厂合为湖南三大氮肥厂。资江氮肥厂为1969年筹建，选址在邵阳地区，后划归娄底市。资江氮肥厂在冷水江市禾青公社与新邵县交界处的大乘山下，资江岸边，四面环山。湘黔铁路未通车之前，火车终点站为金竹山。先坐火车到金竹山，步行几里到沙塘湾，改坐小机船逆水而上到球溪上岸，或沿资江东岸走七八里到球溪坐渡船。湘黔铁路通车后冷水江西站，有铁路专运线和简易公路，把材料、设备、原料运进厂里。厂周边陆续建起职工住的平房和两三层的简易住宅，以及医院、学校等附属设施，通过七年的艰苦奋斗，1975年12月试车成功，成为当时全国最大年产量15万吨的氮肥厂。

我最先知道资氮嗦螺源于我的同学刘涛。2013年底，刘涛约我陪同湖南卫视《爸爸去哪儿了》栏目组到新化紫鹊界和奉家古桃花源去踩线。刘涛与我从长沙开车去新化，途径冷水江，顺便到他家里。我们从禾青下高速，在资氮买了嗦螺，带在车上，却没有吃。到新化，我们住在宾馆，栏目组成员要第二天中午才到，我们深夜无事，就吃嗦螺当宵夜聊家常。螺壳惨白色，味道却不错，只是稍微辣了点，不敢多吃。我们回长沙的时候，又在冷水江逗留了一两个小时。我们再从禾青上高速，又在资氮买了两份嗦螺准备在路上吃，我们没有吃，直接带回长沙。我在冰箱里放了一天，与妻子一起吃，她觉得味道不错。

湖南资江氮肥厂当地人简称资氮，几十年间，上万工人带着家属陆续在禾青这个小镇聚集起来，形成一个小镇，促使当地经济快速发展。这群最普通的工人生活在社会最基层，他们默默地工作和生活，又默默地下岗退休，从公众视角中退出。禾青这里依

山傍水，风景秀丽，水产丰富，其中以资氮夜市最为活跃，嗦螺成为资氮夜市的典型代表。资氮周边的球溪居委会现有286户人家，常住人口1260人，分为6个居民小组，他们以种菜、小本经营、外出打工、自谋职业为主，建起了最具特色产业的资氮嗦螺一条街。在鼎盛时期，资氮生活区十字路口密密麻麻排布着数十家以做麻辣嗦螺为特色小吃的夜宵店。那一家接一家的嗦螺店组成一条长长的小街，在夜幕降临之后，就人影闪烁，都是附近县市来此觅食的吃货。后来资江氮肥厂改制，很多单位和人员外迁，街头不再那么热闹辉煌，资氮嗦螺的这个活招牌却早已声名在外，几十年来经久不衰，其影响力辐射娄底、邵阳的多个县市。许多人驱车几十甚至上百公里，慕名而来，仅为一尝资氮嗦螺的美味。

现在经营资氮嗦螺的店家多为本地人，他们有着七弯八拐的亲属关系，口味和制作方法也基本统一，价格相差不大，在生意上相互抱团。资氮嗦螺制作工艺十分讲究，他们只用当天从资江里捞出来的新鲜河螺，挑选大小一致的河螺放在滴有香油的清水里，养上三五天，让其排出淤泥和杂质，再加盐水搓洗外壳，来回反复地搓洗，直到外壳洗成惨白色。有的河螺还要用铁毛刷逐个地刷洗，直到刷洗干净。再用钳子夹掉河螺的尾巴，煮熟后用针挑出螺肉，揭掉螺肉上的盖子靥，清理掉田螺的内脏，把壳与肉彻底清洗干净后再将肉塞回壳里，用自制调料熬煮。

我们这些人是到娄底和新化两地办事，开始安排在新化吃午饭。我们在娄底把事情办完已经是10点多，在娄底吃饭显得有点早，去新化吃饭又觉得要饿肚子，我们就决定到冷水江下高速吃饭。陆俊说他曾经在禾青吃过饭，那里的菜有特色，带我们去吃特色菜。我们赶到的时候，正是吃饭的高峰期，我们只好临时换地方。王宁波建议去资氮吃饭，我吃过几次资氮的嗦螺，觉得味道不错，也就附议，就驱车前往。

从禾青高速出口到资氮，大概有十多里，驱车要十多分钟。我们赶到资氮生活区，看到一层楼的门面一排排的，门口的招牌都是资氮嗦螺老店。我们在三岔路口停好车，去右边第三家店。王宁波告诉我们，他与妻子常来这里吃饭。王宁波与老板打招呼，显得非常熟悉。我接过老板递过来的菜单，有很多的菜名与铎山牛席类似。我点了资氮嗦螺、带皮油渣、牛黄喉、鹅肠等，老板推荐了牛背筋和空心菜。

我们坐好，资氮嗦螺就很快端上桌来。洗得惨白的嗦螺浸泡在红油汤里，散发出浓郁的山胡椒油味道。我忍不住用筷子夹起一个嗦螺塞进嘴里，咬在牙齿上，用力一吸，没有吸出东西来。我把嗦螺摆正位置，再吸，先吸出来的是辣椒汤汁，充满了山胡椒油的味道，汤汁里尽是红辣椒粉末，有点渣渣的感觉。我还是不习惯吃热的资氮嗦螺，接连打了两个喷嚏。我把辣椒汤汁吞下去的时候，就不再感到辣椒末给喉咙的刺激感了。汤汁鲜嫩香辣，慢慢一吮，浸入舌头，滑过喉咙，填入胃里，整个过程畅快淋漓。再吸，嗦螺里只剩下螺肉，嗦的一声蹦入口里。螺肉不大，就蚕豆或黄豆大小，咬下去比较紧促，有弹性和韧劲，也鲜嫩有脆感。吃完一颗，可以吮指回味，或者吞口水，等待下一颗塞进嘴里。

有人说吃嗦螺需要细心，对于那些喜欢吃满口食的人来说，他们就不喜欢。但是对于美食追求者来说，那是不得不放慢速度，忍住饥饿感，来慢慢品味的。吃嗦螺那吸的功夫就像男女之间那深情的吻，如果不会吃嗦螺，就会吸不出螺肉，多是吃到汤汁。如果吸的时候用力过大，就会吸得大脑缺氧，头晕脑涨，就是连嘴巴吸肿了也吃不上几颗螺肉，只能改为用牙签挑着吃，看似有些文明，却吃不到嗦螺泡在汤汁里的味道。像我这样的吃货，就会吸着停不了口，把嗦螺与嘴平行，与牙齿垂直，一颗两次，层次分明，吃得津津有味。

资氮的嗦螺，虽然个头特别小，螺肉瘦瘦的，怪可怜的，却很入味。我们五六个人只点了一份，却都吃好了，有一种满足感，在其他地方感觉不出。我们车上正好带有新化水酒，每人来杯新化水酒，一辣一热一冷一烫，瞬间感觉到每个毛孔都张开，体验味觉冲击带来的刺激和满足，让人舒爽至极致。

酸肉鲊

传承母亲的做法

等米饭在漏干米汤水之后，把盛酸肉鲊的碗放在米饭上，盖好锅盖，灶里加火把米饭蒸熟，酸肉鲊也刚好蒸透。这种饭上蒸熟的酸肉鲊，特别鲜香。

在新化农村，带酸味的菜很多，做法接近的也不少，酸肉鲊是唯一一道称做鲊的菜。

在新化农村，农民喜欢把酸肉鲊叫做酸肉鲊。这也许与酸肉鲊的味道有关，因为酸肉鲊腌制好以后，就有点酸味。在新化农村，带酸味的菜很多，做法接近的也不少，酸肉鲊是唯一一道称做鲊的菜。

我在新化农村生活了快二十年，吃惯了农村的食物，对母亲做的酸肉鲊比较喜欢。新化菜带酸味的比较多，这样对山区的农民来说，可以让他们多吃饭，并促进消化。我喜欢吃带酸味的菜，这样下饭，可以多吃一碗饭，把自己吃得饱饱的。

母亲做的肉食类菜肴，有酸味的就只有酸肉鲊。我吃酸的程度很低，只能接受轻微的酸味。酸肉鲊正是在我能够接受的吃酸范围之内。但是，在农村，不是某个人喜欢吃就可以根据自己的爱好去做很多。一家人做酸肉鲊的量往往与杀年猪的食材有关，家里做一些酸肉鲊，只能让大家都尝尝味。

农村人家做酸肉鲊，不是什么时候都可以生产的。它有个特别的要求，一定要在寒冬腊月来制作。农民家里杀了年猪，那么多的肉不是想方设法马上就吃完，而是想方设法储备起来，准备在一年中不同的季节里都有肉吃。农民都是节约型的食客，他们可能不是时时刻刻考虑吃好的，而是时时刻刻考虑吃差的。他们就会想方设法去保存新鲜肉，让它转变成其他的味型。

猪身上有一种肉叫做软肋肉，就是腹部没有肋骨的那块软嫩的肉，即我们常说的五花肉。五花肉我们都熟悉，做扣肉等都要用它。人们认为最好的五花肉是精肉与肥肉分成标准的五层，这是五花肉的名称来源。农村做酸肉鲊的五花肉要求不是很严，分三层或者四层就行，只要有肥肉与瘦肉间隔。

农民养的猪很肥，特别是到了进入了冬季，十一二月，他们都要用红薯、玉米等五谷杂粮给年猪催肥，不再是架子猪，而是农民说的壮猪。壮猪的肚子很大，有部分会接近地面，甚至拖到了地面，那拖到地上的五花肉是猪身上最好的五花肉部位。

母亲做酸肉鲊，她不喜欢好五花肉，特别是精五花肉，她喜欢五花肉靠近背脊的那坨肥肉，那肉厚实，层数少，做腊肉又没有肋骨，炸油肥肉又不厚。

年猪杀完，屠夫最后的工作是砍肉，把两边猪肉分解成一条条的肉块，农村叫做砍肉。屠夫把这个工作做完，他的工作就完成了。其他的工作就轮到了家庭主妇，由她来收拾。母亲先把砍好的猪肉分类捡进不同的谷箩，放在各自的地方。在把猪的内脏和下水收拾起来，各自做成不同的腊货，收藏起来。

就只剩下熬猪油的工作。母亲把两块猪板油切成小孩巴掌大小的片，厚约两厘米。猪的肠油先切粘连肠子的部分，切成花朵状；再把肠油的中间部分切成大片。母亲总是怕一家人没有油吃，她会想方设法多熬些猪油，只要一年从头至尾都有猪油吃，她就放心了。母亲就会捡出一些肥肉厚的肉，用来炸猪油。大块的肥肉要去皮，切成一两厘米厚的块，大如拳面即可。

母亲接着把做米粉肉、酸肉鲊的桨板肉（脖子肉）和五花肉按要求切好。五花肉不用切成小块，切碎了不成坨。酸肉鲊就是要一大坨一大坨的，才有整体感，方便制作和收藏。母亲把五花肉切成两三寸宽的肉条，再切成三四寸长的肉段，码在一起。

做酸肉鲊的五花肉，不需要任何的调料，连盐和酱油都不要。等猪油全部炸完之后，把滚烫的猪油舀到坐了凉水的油坛子里，让猪油迅速凝固。再把油渣子舀到大口径的钵子里，锅底留一点点油。

母亲先炒米粉肉，把切好一块一块的桨板肉倒入锅里，油锅温度正高，灶里不烧火也能把肥肉的油脂熬出来。母亲挥起锅铲一阵翻炒，炒出油之后，捞出这些米粉肉坯，用大盆装好，放在那里晾着。

母亲把切好的五花肉坨一坨坨放入锅里，先把有肉皮的一面贴锅放入锅面，锅里温度高，又有炒出来的油，炸上几分钟，油脂就出来了，肉皮焦黄。再翻个面，炸另外一面。一大坨一大坨的五花肉，有六个很明显的面。母亲一个面一个面地炸，等六个面全部炸过一次之后，并且肥肉部分不再凸起，而是收缩凹进去，母亲才捞出五花肉坯。

母亲舀出锅里的猪油，再倒入炸好的五花肉坯和米粉肉坯，倒入磨好的炒米粉。做米粉肉和酸肉鲊都不需要米粉，但是这米粉不能是生米粉，必须是熟的炒米粉。农村最传统最地道的酸肉鲊米粉是把优质的糯米炒熟，再磨成细粉。有些农民喜欢肉的香味和米粉的香味，如还喜欢发酵后的酸味，就在米粉里加一定的玉米粉，这样的米粉做成的酸肉鲊发酵更完全，酸味程度更高。有人家里不喜欢种糯米或者没有糯米，就用玉米和粳米炒熟磨成粉。加米粉的酸肉鲊，要翻炒和搅拌均匀，让五花肉坯裹一层厚厚的米粉，并且贴紧。

炒好的五花肉坯捞出来之后，放在竹盘子里晾凉，再放入腌萝卜丝的大釉赭坛子里。腌酸肉鲊的坛子要老坛子，最好是那种内外是釉的坛子，摸上去很光滑，也很严密，不透气，有十多年腌菜的历史。坛沿还有一条浅水槽，把盖子盖上去，在坛沿的水槽里加上水，就完全密封。一般家庭喜欢把萝卜丝放在坛底，腌上半坛，萝卜丝上再放炒好的五花肉坯，压紧压实。等到第二年的农历三四月间，正是农民插早稻田的时候，裹了米粉的五花肉坯开始有微微的酸味，这就是做好的酸肉鲊了。如果坛子的密封功能不行，或者坛里不是上釉的，就会漏气。坛子里的酸肉鲊就会生霉，不发酵，酸肉鲊就没有酸味。到三四月取出来吃，会发现酸肉鲊的肉皮上有绿色或者黑色的斑点，那就是生霉留下的痕迹，吃起来卤嘴巴，甚至紧喉咙或者舌头有麻麻的感觉。

酸肉鲊的吃法很简单，在农村，有的人家四五月里不吃酸肉鲊，他们要在六七月或者七八月才拿出来吃。那时候，坛子里的酸肉鲊已经完全腌透，酸的程度已经有点酸牙齿了。有的人家不用蒸熟，也不用加其他的调料。他们上山种地或者挖土，带一碗满满的大米饭，再带一小坨酸肉鲊。中午吃饭的时候，用随身携带的柴刀把酸肉鲊切成薄片。吃一口满满的米饭，咬一点酸肉鲊，那酸味和鲜香的油脂很下饭。有得三五片酸肉鲊，就可以吃一餐饱饭。

在农村，母亲的吃法比较普及。在三四月间，农村开始插早稻秧的时候，各家都要请劳动力或者换工来给家里插田。农村很讲究，插田每餐一定要搞肉。有的时候，早上母亲要帮着扯秧，做饭为了赶时间，煮腊肉来不及，就在坛子里取一两坨酸肉鲊，放在砧板上切成一厘米厚的大片，用瓷碗装起来。等米饭在漏干米汤水之后，把盛酸肉鲊的碗放在米饭上，盖好锅盖，灶里加火把米饭蒸熟，酸肉鲊也刚好蒸透，带着橙色，晶莹剔透，香气扑鼻。

这种饭上蒸熟的酸肉鲊，特别鲜香。端上餐桌，农民不讲三七二十一，就伸起筷子夹，夹那种透亮的酸肉鲊，他们先把肥肉的一头伸进嘴里，一口咬下去，肥肉的油脂马上汩出来冒泡泡，撸在嘴唇边上。等他吃完肉，伸出舌头来再把嘴角的油舔干净。

虽然酸肉鲊有点酸味，没有新鲜肥肉那么油腻，但是吃多了还是油腻腻的。我不太喜欢这种感觉，特别是我到长沙定居之后，我就很少吃母亲蒸的刚熟的酸肉鲊了。有的时候，亲戚从农村来长沙，特别是春节的时候，母亲托他们带来的东西里，会给我带三五坨酸肉鲊。

我虽然按母亲的做菜方法制作，却也做了些处理。一是把肉切成半厘米厚的薄片；二是蒸的时间延长，或者改用高压锅。做出来的酸肉鲊，油脂会流在碗底，吃的时候没有那么油腻，也柔软一些，肉皮有糯软的感觉。

盐煮花生

情有独钟

盐水煮出来的花生，花生米落入嘴里，用力一吸，花生衣破裂，花生米也碎了，由舌尖卷起在口腔里旋转几下，先渗出来的是甜味，接着是咸味。

花生米在砂砾的高温下被迅速炒熟。花生米很脆，也很香很酥，而且有盐味，非常好吃，是农村的经典美食。

花生是农村的一种经济作物，也是农村最常见的零食。农民常把它放在喜糖碟子里充当主要的内容。在新化农村，随便找个人，无论是小孩还是大人，如果说他没有吃过花生，只有两种解释：一是他来自其他星球，一是他是天生不吃花生或者对花生过敏。

我在新化农村生活了二十年，对花生情有独钟。无论是生吃、煮着吃、煨着吃、炒着吃、油炸着吃，我都很喜欢，并且百吃不厌，吃了还要吃。

自从我20世纪末离开农村，近二十年来长住在城市，农村的生活习气已经渐渐褪了。在城市，我能够吃到的多是山东来的大花生，新化农村的花生能够吃到的机会越来越少，感受新化农村花生的味道的机会也越来越少，有的时候一两年都吃不到新化花生，更谈不上盐煮花生了。

在新化农村，花生有种吃法常被人惦记，但是每年也就吃那么一两次，那种吃法就是盐煮花生。

农村扯花生，到了秋季，花生苗上的叶子就开始变麻，斑斑点点。随着时间的推移，花生苗上的叶子逐渐飘落，差不多叶子落尽的时候才能收割，农民才扯花生。如果叶子还很茂盛，就不能急着去收割。

在农村，扯花生的时候往往在暑假即将结束的时候。我小的时候，在暑假即将结束的时候，要帮家里干几天农活，那就是抢收花生。农民收花生有两种方式，一是在地里扯了花生堆在一起摘花生，一是扯了花生连苗挑回家里摘花生。

母亲带我们姐弟去扯花生，她喜欢两种方式相结合。白天带我们姐弟上山，我们姐弟在地里扯，扯一堆，集中堆在一起，我们再坐成一圈摘花生。等到下午三四点了，我们就只负责扯花生，不摘花生了。等到天快黑了，我们把摘的花生和还没有摘花生的花生苗打包、捆绑好。母亲挑一担摘了的花生，我们姐弟每人挑一担花生苗，上面是那些没有摘的花生。

我们回家，吃过晚饭后。母亲打开挑回家的花生苗，一家人开始摘花生，摘完这些挑回来的花生苗上的花生，要到晚上九十点钟。我们才能休息，洗澡睡觉。

在新化农村，家里第一天扯花生，当天或者当天晚上必然搞一个花生尝新的活动——就是吃盐煮的新扯花生。如果有亲戚朋友来家里，活动就会搞得更加正式，甚至有规模。家里没有来亲戚，也要给邻里之间送新扯的花生，大家一起品尝、庆祝。

花生从泥土里扯出来，花生壳上都带有泥沙，不能直接放进锅里煮。我们孩子就要拿花生到流水中去把泥土洗掉，才能拿到家里来煮。但是，在农村，农民淘洗花生的方式很特别，他们不喜欢用流水洗花生，认为洗不干净；他们喜欢用静水淘洗花生，这样可以把泥土洗干净。父母从二楼搬下一个硕大的黄桶，盛满一桶水。再用箩筐装一半谷箩花生，抬起来放进黄桶里，用锄头在谷箩里抖动。锄头一上一下地抖动，持续三五分钟，箩筐里的花生在沉浮中把泥土洗干净了。但是用来煮着吃的花生，还需要用流水冲洗掉花生的泥水，煮起来才没有泥腥味。

农民尝新主要是把新扯的花生用盐水煮了。生铁锅架在灶上，盛半锅水，再煮两三升刚摘下来洗掉泥巴的花生，盖上锅盖，灶膛生火。在煮花生的时候，农民习惯放一勺盐。等花生煮开之后，他们不再加火，而是等待灶膛慢慢降温。半个小时后，揭开锅盖，花生不再烫手，锅里的花生已经完全熟透，盐味也进入了花生米里。

煮花生吃，在选择花生的时候，还有一个必须注意的地方，那就是花生不全是完全饱满的花生，还要摘一些没有长成花生的鱼泡，就是那种还没有完全长成花生的花生崽，样子像鱼泡。在煮熟之后，一般人是伸手去盆里抓花生，而不是一个一个地挑着花生吃。一把花生里既有鱼泡也有饱满的花生。

盐水煮出来的花生，花生壳的颜色不再是淡黄色，而是灰色。剥开花生壳，花生衣的颜色也是灰色，不是暗红色。花生米落入嘴里，用力一吸，花生衣破裂，花生米也碎了，由舌尖卷起在口腔里旋转几下，先渗出来的是甜味，接着是咸味。只有非常结实的老花生，花生米才用得上牙齿去咬，需要嚼一下。如果遇上鱼泡，经过盐水煮过之后，一头洁白，一头是初成的花生，连接处透亮。这种鱼泡一般不用捏开，而是直接丢进嘴巴，咬一口，那里面的汁水就流出来，沁甜可口，毫不亚于糖水。

无论是客人还是主人，都要吃花生里的鱼泡，代表能够吃饱还有余。大家吃着花生，说起一年的收成，男人或者唱几句山歌，或者讲几个故事，一家人高高兴兴。有的时候，还要给邻居送些花生去，或者邀请邻居来一起尝新。到了半夜，客人还不疲倦，主人就要温一碗米酒，就着花生米下酒。尝新的花生米很好吃，一些家庭就想储存一些，留在其他时候吃。他们一次煮一斗或者煮一谷箩，但是这种新鲜的花生无法保存，只能在秋高气爽的时候用太阳晒干，才方便储存。但是，用盐煮过的花生，经过太阳一晒之后，花生米就收缩得厉害，并且皱纹连连，干梆梆的。

农民为了收藏花生，在经过太阳一天的暴晒后，花生壳和花生壳里面的水分差不多被晒干，就用油砂炒新花生。因为花生的水分没有完全被晒干，花生米在砂砾的高温下被迅速炒熟，花生米很脆，也很香很酥，而且有盐味，非常好吃，是农村的经典美食。

我喜欢吃盐煮花生，也喜欢砂砾炒过的盐煮花生，但是不喜欢太阳晒干的盐煮花生，那太硬，吃起来很干很硬，牙齿很累。

捡花生与花生芽

农村喜事的 难得食材

最鲜嫩的花生芽，吃起来味道最好，很脆爽，有质感，很饱满，吃在嘴里有甜味，不涩不苦，有花生的清香，不腻。

> 到了秋季，几乎每周要去赶酒席，都会有人情肉之类的回礼。我捡到花生芽等，母亲就用人情肉的五花肉切薄片，炒花生苗吃。

生活在城市，很多时候可以吃到温室培育的花生芽，大家都毫不留情，以吃到为快。吃后还感慨，为什么农村产花生的地方没有花生芽吃。其实，这种想法和说法是错误的，城市里吃花生芽，那是从农村学来的。在我的老家新化农村，20世纪八九十年代就开始吃花生芽了。

20世纪80年代初，正是农民从饥饿中苏醒过来的时候，他们开始积极想办法摆脱饥饿的纠缠，建立自己的温饱体系。对于农村来说，吃饱饭不是一件难事。只要人勤奋，肯劳动，刀耕火种还是能够养活自己的。所以，农民除了生产队分给自己的自留地、山地及林地外，他们还要去开荒垦地，拓展自己的耕种范围和土地面积。

在新化的农村，农历七八月间是农作物收获的好时节。最先收获的是经济作物花生，他们不仅要把花生从地里收回去，还要晒干入仓，或者直到把花生卖给那些收山货的贩子，他们悬着的心才稍稍停歇一下。农民收花生有两种方式，一种是扯花生，在雨水均匀的年月，在扯花生之前下过雨，土壤没有完全板结，又是沙土，这样的花生地或者斜坡，适合扯花生。一种是挖花生，花生收获的时候滴雨不下，土壤板结得厉害，又是平地，花生一扯，花生针就断了，花生全掉土里了，农民只好用锄头来挖花生。农民无论是扯花生还是挖花生，在地里都有遗落的花生，花生苗上也有没摘干净的花生。

农民扯完花生的土地，都不急着去种油菜、小麦等冬季作物。他们把土地晾一阵子，等它长草或者晾晒。几场秋雨之后，地里的小草疯狂地生长，成为茂密的草甸；山里的枞菌，也从枯松针里露出来。农民的地里还有玉米、红薯、秋荞等农作物，我们小孩子不能放跑山牛，需要人去看守，最少也要有人管理，防止牛糟蹋其他农作物。

农村的孩子，他们干事都会左右兼顾，任何时候也不闲着、空着。在放牛的时候，他们就会采枞菌或者挖黄姜。由一两个孩子看着所有人的牛，其他的孩子到土地边沿的树林里去找蘑菇、挖黄姜、采百合等。他们找到蘑菇、百合，采了回去吃的时候会喊那两个帮忙看牛的小伙伴一起去吃点，作为帮忙看牛的补偿。但是，有的时候往往事不凑巧，很难几个小伙伴一起去放牛的，或者自家的地里草已经长了很深了，父母吩咐要赶着自家的牛到自家的地里去把草吃了，那就只好独行，到自家的地里去放牛。

孩子们去种过花生的地里放牛，他们喜欢带把小锄头和背个小背篓，到地里顺便捡点花生或者花生芽什么的。扯过花生的地里有两种东西值得我们小伙伴去寻找，一是遗落的花生和花生芽，二是野生的新胡叶（胡葱）。对于我这个好吃的孩子来说，花生与胡叶看上去都很眼馋，让我流口水。

捡花生是我喜欢干的一件事情，无论是被挖过的土地还是没有挖的土地，我都能找出花生和发芽了的花生粒来。

我遇到挖过的土地，地里的野草很少。经过秋雨的洗涤，埋在土里的花生浮出土面，被雨水淋掉泥土，太阳晒得雪白，灰色的土壤与花生形成鲜明的对比。还埋在土里的花生，在秋雨的催生和滋润下，在地里发芽，冒出白嫩嫩的花生芽来。无论是看到雪白的花生还是白嫩嫩的花生芽，我都要用小锄头把它从土里挖出来。我还喜欢关注那些大块的土块，很多时候土块里就夹有花生。挖花生的时候，挖的人没有注意，我用小锄头敲碎土块，花生就从土块里面滚出来。

扯过花生的坡地，留下的是那些坑坑洼洼的地方。我知道，那些坑里就是扯花生的时候，连土和花生拔出来的时候留下的痕迹。这种扯的花生，有可能花生断了，坑里就掉有花生。我拿着小锄头每个坑都掏一下，特别是坑周边的土地，运气好的时候，每个坑都能够掏一两个花生出来。一个早晨下来，我也能掏一两升花生。

无论是扯花生的地还是挖花生的地，都有堆花生苗的地方。那些堆花生苗的地方就是扯花生的时候人坐在那里摘花生的地方，那些花生苗上有被漏摘的花生，或者摘了掉在地上，卷进花生苗堆里的。摘花生的时候手里抓满了一把花生，有的时候挤掉一两个在地上正常，没有及时捡起来，或者滚到花生苗里找不到，经过秋雨的滋润，就会发芽，长出花生芽来。还有那些烂花生，有一半被虫子吃了，可能剩一粒半粒花生米，在秋雨的滋润下就发芽了，我就把这些花生和花生芽捡起来。

花生苗上没有摘到的花生，花生苗经过秋雨的摧残，叶子很快掉了。花生苗的秆变得腐黑，唯独花生还是白色的。只要翻开花生苗，花生很快就会跃入眼里，被我发现。花生针已经很脆，很容易断。还有那种鱼泡，有一粒花生米的，白鱼泡晒干已经完全萎缩，其他地方还是依旧，就可以摘下来，还有半粒花生米。我一个上午，要捡一两升花生，还有一两斤花生芽。回到家，我就把花生芽与花生分开，花生放在竹盘晒干；花生芽摘掉根须和胚叶，炒了做菜吃。我母亲炒花生芽吃，她喜欢用新鲜的五花肉一起炒，还会摘掉花生芽的两片胚叶，只留中间这根茎。

说起炒花生芽用的五花肉，不得不说说农村的喜事。在20世纪八九十年代，农村家庭的人口都比较多，一个家庭有三四个小孩很常见，六七个的也有。每个家庭的亲戚就比较多，只要进入秋季，办喜事的就接二连三，有起屋，有做寿，有嫁女，有娶亲，这些酒宴，正亲戚都会去喝喜酒、帮忙。农村喝喜酒分两种，有的讲究的人家或者高档酒席，只招待正亲戚；一般的酒席，也招待乡邻，乡邻去喝喜酒叫散酒。在酒席中，正亲戚的礼金和礼品是主要的东西，基本囊括了酒席的三分之二以上收入。

农村起屋，正亲戚就要担谷送礼，一般是四十斤，但是也有家庭富裕的送一担的，一般是岳父或者兄弟；还有要送礼金，从几十、几百元到几千元都有，主家在打发礼物的时候，就要给这些亲戚回一块人情肉，感谢他们的慷慨解囊，小的人情肉一斤多，大的人情肉两三斤。

农村做大寿，一般都是上了年纪的人，由儿女给他们操办。无论男女，只要满了六十岁上了花甲，往上只要是整十的，七十、八十、九十都可以做寿。农村做寿讲究男上女满，也就是说男的做寿要虚岁做，女的做寿要实岁做。农村做寿酒，主要由女儿来负担，包括礼金、寿饼、红包等。礼金即给父母的大红包，由女婿出，几千上万元。寿饼是一种祝贺之物，凡是上席的客人，寿主的女儿都要赠送寿饼。前来祝寿的亲戚，带有小孩的，寿主要打发红包，这些红包由寿主的女儿准备。那宴席的费用，则由寿主的儿子来承担，收到礼金，再用来填补。寿主办酒席，就会杀猪，亲戚不多的杀一条猪就行，亲戚多的杀三五条猪的也有。除了酒席上吃不完的菜肴之外，还剩有新鲜猪肉。寿主就会给女儿一个腿把肉或者一个膀蹄，最差的也会给一块大猪肉。

农村嫁女，对于农民来说是件大喜事。新化农村，20世纪八九十年代，一家有两三个女儿很正常。嫁女儿除了自家要给女儿准备嫁妆之外，爷爷奶奶、伯伯叔叔姑姑、外公外婆、舅舅阿姨等除了送花生作为礼物之外，还要给她准备衣物棉被之类的礼品，根据亲属关系和辈分，有送棉被的、送毛毯的、送床单的、送衣服的。男方根据每位亲戚赠送的礼物多少，要回赠腿把肉、膀蹄、人情肉等。娶亲是男人的一件大事，除了给岳父岳母家要抬很多人情肉之外，还要为自家的亲戚准备腿把肉、膀蹄、人情肉等，爷爷奶奶、外公外婆、媒人要腿把肉，给伯伯叔叔姑姑、舅舅阿姨膀蹄或人情肉。

我们家的亲戚多，父亲十姐弟，母亲六姐弟。到了秋季，几乎每周要去赶酒席，都会有人情肉之类的回礼。我捡到花生芽等，母亲就用人情肉的五花肉切薄片，炒花生苗吃。农村的猪肉油脂多，炒前不要放其他油，只要把锅洗干净，烧干水分，倒入切好的肉片，翻炒几滚就出油了。等五花肉的瘦肉有微微黄，就放入洗干净的花生芽，连同五花肉翻炒。锅里油脂多，花生芽不会粘锅，但是容易炸枯，必须不停翻动。炒到嫩白色的花生芽转嫩黄色，就可以出锅。如果再继续炒，花生芽的外皮就会塌，起皱纹，没有肉质感，那吃起来就如干草。

最鲜嫩的花生芽，吃起来味道最好，很脆爽，有质感，很饱满，吃在嘴里有甜味，不涩不苦，有花生的清香，不腻。这样的花生芽炒五花肉，我们姐弟抢着吃花生芽，等吃完最后一根花生芽，才去吃五花肉。其实，吃花生芽就要趁热，吃起来才有味，凉了就没有感觉了，吃起来就绵软得很。农村没有人家特意去把花生催生出花生芽来做菜的，他们还是顺应天时，把那些遗落的花生芽用来做菜，既不浪费食材，也吃到了美味。

难于忘却

奉家山的苦藤

南人采嫩者，曝蒸作菜食，味微苦而有陈酱气，故又名苦菜，与苦荬、龙葵同名。亦名苦蘵，与酸浆同名。

到奉家山来吃野菜，特别是春夏之际，奉家山的野菜特别多，只那苦藤就让大家酷爱不止，狂吃不已。

奉家山地处新化西部，雪峰山脉中段，与隆回、溆浦接壤。奉家山连接水车、奉家、天门三个乡镇，把紫鹊界、渠江源、粗石雾峡等景区连成一片，并辐射到古桃花源，即现在的大紫鹊界景区。

奉家山森林覆盖率达80%以上，集中连片楠竹林就有4万亩以上，海拔从400～1500米不等，水能资源丰富，山地气候明显，树木葱郁，土地肥沃，日照时间短，雨量充足，冬暖夏凉，常年云雾弥漫，适宜中药材、茶叶、高山延迟蔬菜种植。奉家山以奉姓命名，奉家山鼻祖是春秋时期秦献公次子嬴季昌，他反对兄长秦孝公嬴渠梁重用商鞅变法，遭迫害南下逃到广西，最后隐居奉家山，由嬴改姓奉。元朝大德年间（1307）编修的《奉氏族谱·源流撮要》载："吾族本姓嬴，自吉公而易姓，至弼公……递传献公生二子，长名渠梁，即秦孝公也，次名季昌，乃吾易姓之鼻祖也，因孝公用商鞅，坏古制，开阡陌，私智自矜，刑及公族，我祖睹权臣之乱政，痛旧典之沦亡，逆鳞累批，爰鞅犯禁，效采药遗踪，由桂林象郡徙江吉永丰，潜隐于濠，易姓为奉，更名吉。敛迹韬光，以避其难。为纪念祖宗，不忘根本，将嬴秦的秦字除掉下面两点为'奉氏'。"奉家山是梅山腹地，世代莫徭的聚居地。《隋书·地理志》载："长沙郡又杂有夷蜒，名曰莫徭，自云其先祖有功，常免徭役，故以为名。其男子但著白布裈衫，更无巾裤；其女子青布衫、班布裙，通无鞋履。婚嫁用铁钴莽为聘财。"莫徭是一支化外生民，从秦代始由六国抗秦经汉、三国至晋代，与嬴季昌家族共同生存。

我们从新化县城去奉家山，沿着紫鹊界的盘山公路到奉家古桃花源，道路蜿蜒曲折，群山万壑。一路上天空蓝天白云，两旁翠竹青山，能够听到潺潺流水，放眼望去板屋迤逦，檐角向上轻轻翘起，早晚能见炊烟缕缕。从山顶往下走，群山叠绕，开阔的山谷扑面而来，待到桃花盛开的时候，十里桃花林，落英缤纷，行走在古朴的青石板小路上，只记得这是陶渊明的桃花源。到奉家山旅游，一定会被它的风景所吸引，更被它的菜肴所感动。奉家山的一位朋友告诉我，自从奉家山的旅游发展起来后，吸引了无数城市游客，特别是周边县城的游客，他们来玩的另外一个目的就是到奉家山来吃野菜，特别是春夏之际，奉家山的野菜特别多，只那苦藤就让大家酷爱不止，狂吃不已。

奉家山为渠江发源地，晋时属辖武陵郡，驻地在溆浦，曾产茶闻名，渠江薄片即出于此。渠江从奉家山区蒙耳冲发源，流入溆浦，与溆水在扇溪江地段合流，这一带水面平缓，河汊交错纵横，至今还有人捕鱼为业。再流入安化的渠江镇，成为古渠江流域。奉家山民风古朴，居民多为奉姓。在上团、下团、卯溪、墨溪、寨园、岩板、坪溪七个村庄，他们吃饭流行用公筷，随着旅游业的兴起，这个贵族式的习俗陆续发展到奉家山的其他村庄，现在的报木、双林、坪上、月光、毛坪等村落也用公筷就餐，成为游客眼中的亮点。我来此旅游，无论公私接待还是在农家乐餐馆，他们都要为客人安排公筷。

在奉家山旅游，最让我难于忘却的是在那里吃苦藤，其实就是苦菜。苦菜是多年生草本双子叶菊科植物，奉家山山高谷深、沟谷幽深、云雾如海、溪多泉清、水流湍急湿度大，山势险峻，岩峭坡陡能蔽日，竹木葱茏、古木参天，土层深厚肥沃，昼夜温差较大，风清气润。这样的土壤和气候条件，最适宜苦菜的生长，田坎边、小溪边、马路边都是苦菜的生长地带，长得十分粗壮，茎叶嫩绿，采摘起来十分容易。找到两三棵苦菜，那老的藤蔓上长满新芽，挤挤密密的，刚长出来三五寸的新芽，成为采摘的对象。采摘一轮，一阵雨水，三五天后又长出两三寸的新芽，又可以采摘。当地人见它长在枯藤上，吃的时候有苦味，就叫苦藤，清炒和开水烫熟都可以吃。

苦菜学名苦定菜，药名叫败酱草，异名女郎花、鹿肠马草，民间俗称苦菜，别名茶、苣、荼草、选、游冬、天香菜、荼苦荬、甘马菜、老鹳菜、无香菜、野苦马、紫苦菜等。苦菜中药学定为味苦，性寒。其实吃起来味甘中略带苦，鲜叶和嫩茎可以炒食或凉拌。凉拌时先将苦菜择好洗净，过水轻焯控干晾凉，姜蒜切末，加入盐、鸡精、香油、白糖、米醋、辣椒油少许，搅拌均匀后装盘即可。苦菜有抗菌、解热、消炎、明目等作用，有清热解毒、凉血、止痢等功效，主治痢疾、黄疸、血淋、痔瘘等病症。

苦菜随地域差异，所指植物不同，一般指菊科苦苣菜属一类植物，有苦苣菜、苣荬菜、花叶滇苦菜等品种。朱元璋第五子朱橚《救荒本草》提及苦荬菜："俗名老鹳菜。所在有之，生田野中，人家园圃种者，为苦荬。脚叶似白菜，小叶拣茎而生，稍叶似鸦嘴形。每叶间分叉撺葶，如穿叶状。稍间开黄花。味微苦，性冷，无毒。采苗叶炸熟，以水浸洗，淘净，油盐调食。出蚕蛾时，切不可取掏，令蛾子赤烂。蚕妇忌食。"李时珍曾说："南人采嫩者，曝蒸作菜食，味微苦而有陈酱气，故又名苦菜，与苦荬、龙葵同名。亦名苦蘵，与酸浆同名，苗形则不同也。处处原野有之，俗名苦菜，野人食之。江东人每采收储焉。春初生苗，深冬始凋。初时叶布地生，似莴菜叶而狭长，有锯齿，绿色，面深背浅。夏秋茎高二三尺而柔弱，数寸一节。节间生叶，四散如伞。颠顶开白花成簇，如芹花、蛇床子花状。结小实成簇。其根白紫，颇似柴胡。吴普言其根似桔梗，陈自明言其根似蛇莓根者，皆不然。微苦带甘。败酱乃手足阳明厥阴药也。善排脓破血，故仲景治痈及古方妇人科皆用之。乃易得之物，而后人不知用，盖未遇识者耳。"我每次去奉家山及周边景区，逢春夏之际，吃饭时就会问当地接待的人有没有苦菜吃。如没有，我就会找他们提意见，要他们下餐一定补上满满一碗，我就可以吃一顿饱饭。

第三辑 怀旧之美

鱼担上的家庭

挑起重担

我想：堂姐夫的鱼担是给他量身定做的工作，鱼担曾经挑起他家庭的重担。

家乡流行一句话：靠山吃山，靠水吃水。这句话在我堂姐夫身上全部表现出来。

堂姐夫不是我亲伯伯、叔叔的女婿，而是一个远房伯伯的女婿，只是我们来往得比较多，就显得亲起来了。

堂姐夫生在资江边的白溪镇，虽然在城镇长大，他却没有读过几年书，加上家境贫寒，到三十好几才说上我堂姐。结婚生子后，他勤勤恳恳地劳动，日子还是过得紧紧巴巴。周围的人都先富起来了，他还挣扎在饥饿线下。堂姐看到街上人来人往的生意，也耳濡目染了一些智慧，开始学着做些小本生意，基本可以填饱肚子。堂姐夫的男人形象严重受损，只好到资江边的码头上去做苦力，做些卸货、装船的事。

他们的儿女渐渐长大，都进了中学，学费和生活费开始猛增，家里的经济更加紧张，堂姐夫做苦力已经无法供应三个孩子的学费。码头上的活又越来越少，力气也不如以前，只好另谋出路。

资江河里的嫩崽鱼慢慢被渔民重视，成批地捕捞。嫩崽鱼做成火焙鱼的成本很高，新鲜出卖又没有人要，只好贱买给河边的居民。伯母吃到嫩崽鱼，觉得味道还可以，说乡下人一定很喜欢吃，堂姐就有了做嫩崽鱼生意的意向。通过家庭会议决定，由堂姐夫担着去乡下买。堂姐夫在他岳母的陪同下，挑了一百多斤活嫩崽鱼到我们乡下，一路吆喝一路卖，没走完三个村就卖完了。这一趟就赢利一百多元，可把堂姐夫高兴坏了。

当堂姐夫准备跑第二趟时，一个难题来了，堂姐夫不识秤，也不会算数。他女儿就告诉他认秤，他记不了，就给他在秤上做了一些标记，只标记一二三斤，两的就不管；又给他算出一斤多少价钱，两斤多少，还告诉他一个诀窍：只整斤出卖。堂姐夫第二次来乡下卖嫩崽鱼，就只卖整斤的，别人要买半斤八两，他就不卖给顾客，顾客还价他也不卖；买一斤嫩崽鱼，他就主动加三四条。堂姐夫的生意就这样做起来了，每天从镇上担着一担嫩崽鱼到我们乡下来卖，边吆喝边卖。久而久之，他就成了我们乡下的一道风景线，无论男女老少，都知道这个卖嫩崽鱼的三保。有人想吃嫩崽鱼，就竖起耳朵收集他的吆喝声，有的日子生意好，很快就卖完了，还有几个村子没走到，那里的人都好像有些忘记了什么似的。也有人故意逗他，三保，我买半斤嫩崽鱼，他担着鱼担头也不回地跑了，转个弯又吆喝起来。

堂姐夫的鱼担一挑就是六年，堂姐已经不再做生意了，小孩也都进入了社会，还建了一栋房子，鱼担他还挑着，生意也不差。我想：堂姐夫的鱼担是给他量身定做的工作，鱼担曾经挑起他家庭的重担，现在虽然经济有所好转，但是鱼担还是他的家庭收入来源，他作为家长一定还会继续挑下去。

婚姻是一剂补药

感同身受

自从结婚以后，身体都在向富态发展。究其原因，都归因到婚姻上，三人又对婚姻这剂补药感叹了一番。

中华人民
中华人民共和国
结 婚 证

单身的日子，我没想到要早点结婚，只是在回到家里，看到充满冷气的家，心里就有一种孤独感。

婚姻对于我以前的生活来说是陌生的，但是经过这一年多的岁月，让我对婚姻有了一个新的认识。我想，我们现在是21世纪的城市婚姻，也许跟其他婚姻（包括以前的城市婚姻、农村婚姻）有着本质的区别。

单身的日子，我没有想到要早点结婚，也没有考虑结婚将会怎么样。我还认为单身的日子很自由，一个人想干什么就干什么，根本不需要跟别人商量，只是在回到家里，看到充满冷气的家，心里就有一种孤独感。

与妻子结婚后，我的生活一下就发生了变化。妻子是甘肃人，在西北长大，吃惯了西北的菜。她的兴趣是喜欢所有的美食，也了解世界各地的美食，但是却不会做。到湖南来，就是因为喜欢湘菜。我因为自己喜欢吃，也喜欢做，就马马虎虎可以做得出几样菜。为了满足她对湘菜的爱好，我每天下班就回家，第一件事是做菜，而且要把第二天中午的菜做好，让妻子第二天中午吃饭时有菜。吃完饭，还要两个人手拉着手去散步，不管我累与否，我都要坚持去走动一下，到小区呼吸一下新鲜空气，感受一下宁静的生活和享受一下小区美景。

我发现自己的生活开始有了规律，吃晚饭很准时，不像以前饥一顿饱一顿，吃了饭还懒得动。伙食也有了大的改观，以前我只买自己喜欢吃的菜，全部是一些荤菜，尽吃些油腻的，现在不同，荤菜还是买，但是多是妻子喜欢吃的，蔬菜要带叶子，炒菜时不放多了油，还要一个汤。虽然样式多，但分量少。

有时，妻子也会下厨，那主要是做炖品。比如说做当归蛋之类的，还硬是要我吃，一定要完成她规定的分量。就这样，我明显发觉自己的体重在增加，特别是脸上表现得饱满起来。见到同学和以前的朋友，都说我胖了，我去测体重，发现自己确实长了十多斤。我还发现自己有一个"坏习惯"，喜欢用手不自觉地去摸自己的肚子，当摸到那已经圆鼓的肚子，脸上露出满意的笑容。

一次聚会上，见到了两个一年多没有见面的同学。他们自从结婚以后就没有与我见过面。这次见面，两人的身材都有所改变，由以前的麻秆变成了现在的矮矬，挺着个大肚子。当我们谈起自己的身体时，都不由然感叹，自从结婚以后，身体都在向富态发展。究其原因，都归因到婚姻上，三人又对婚姻这剂补药感叹了一番。

豆腐年代

有豆腐就是肉

当吃到煎豆腐，我们都把它当肉，小口小口地咬，吃得津津有味。

豆腐年代已经离我有五六年，我时时怀念家乡的豆腐和父母，却只能在文字里纠缠和思念。

　　吃城市的豆腐，我非常痛苦，它在打破我对豆腐的美好记忆。一是城市豆腐没有豆腐味，像吃泥巴；二是城市做豆腐的方法太少，少得连做豆腐的最佳方法都没有找到。每当这个时候，我就怀念起我的农村生活，我那些吃豆腐的日子。

　　我家在新化大熊山下，因为有很好的泉水，豆腐非常细腻。我在那里待了十九年，也吃了十九年的家乡豆腐。家乡豆腐属白溪豆腐系列，是非常好吃的水豆腐品种。曾经流行过一句话：有豆腐就是肉。那时，家乡的生活水平还很低，一般家庭吃不上肉，却每家每户都种了黄豆，到了下雨天或者农闲季节，就有人在家里磨豆腐吃。买豆腐也只要一毛钱一片，一家人买上四片豆腐，煎着就可以下一顿饭。当吃到煎豆腐，我们都把它当肉，小口小口地咬，吃得津津有味。

　　我家是种黄豆的大户，一年要收获一两担（三四百斤），一年磨豆腐是怎么也吃不完。母亲是个做豆腐的能手，她磨的豆腐既结实又厚实，非常有分量，邻居的妇女们都跟母亲学经验，母亲成了她们的"免费顾问"。

　　我小的时候，母亲非常忙。我家六口人，还要照顾祖父祖母、外公外婆，光父亲一个人挣钱是不够的，母亲也做一些力所能及的事。我们姐弟想吃豆腐，也要等到逢年过节，母亲才有充足的时间磨豆腐。那一般是父亲回家的日子，母亲和父亲两人推磨，我们小孩也帮忙，两三个小时就做出了一箱豆腐。家里做豆腐一般是两三箱，逢年过节就要多做点，特别是春节，会做十几箱。我们就闹着要吃豆腐拌肉，母亲一定会开一箱刚干水的热豆腐，划成块，取四块热豆腐切片，先煎一面，把肉炒一炒，再与豆腐一起炒几分钟，加点调料和水，煮开就可以出锅，我们吃得很有味。

　　母亲把剩下的豆腐榨干水，划成一块一块的，用筛子装好，等一个晚上或者一天，豆腐里的水就漏干，再分类做煨豆腐、油豆腐、霉豆腐等。

　　姐姐进入中学，母亲做豆腐的时候多起来了。每次做的都是煨豆腐，也就是一种豆腐干。后来我才知道，煨豆腐做成菜可以吃几天。姐姐在离家四十里外的小镇读书，饭在学校蒸，菜要从家里带。每次做煨豆腐，我都参与了。母亲把豆腐上箱后，榨干水开箱划成块，漏干水，晚上趁烧的柴火留下的余火，把豆腐煨在带火星的草木灰里，带热气的草木灰很快就把豆腐里的水分吸干。等第二天早上起来，就把豆腐从灰里掏出，我再用篮子装好，带到溪边，在溪水里把豆腐上的灰洗干净，逢太阳晒干或者在灶上烤干。姐姐回学校就切片炒菜带到学校去。

我进入中学，只吃过一两次煨豆腐，觉得味道很好，现在都常常怀念。

等我读高中，家里只剩下我一个人读书了。家里的生活水平有所提高，我又在学校待两个礼拜才能回家一次。父亲、伯父隔三差五地到我读书的镇上卖扁篮（一种竹织的背篮），顺便给我带菜。母亲一般做肉炒辣椒，有时也做煎豆腐。但是我觉得父母的休闲时间多了，常给我做些新鲜的菜，却没有做煨豆腐。后来，我才知道，母亲的身体不是很好，根本不能沾凉水。

读大学期间，我在家里待过一个多月。那是夏天，父母准备给姐姐准备嫁妆，在家里做木器家具。母亲已经不磨豆腐了，吃的豆腐都是从外面买来的。当时二伯母天天磨豆腐卖，我每天早晨走八里路去拿豆腐。

豆腐年代已经离我有五六年，我时时怀念家乡的豆腐和父母，却只能在文字里纠缠和思念。

米糖担两头的生意

寻找绝迹的记忆

米糖加碱发空，有大大小小的气孔，再成直径一尺左右的盘，寸把厚。

回到家乡，米糖已经绝迹。小时候，米糖诱惑过我不少口水，也消耗过许多羡慕的目光，米糖的记忆也深深地留在我心底。

我才十岁时，堂伯父已经六十好几了。在他没有卖米糖的日子里，我不知道他与我有亲戚关系。这并不是我不认他，而是我们住的地方相距较远，我进校门前很少出过家门。加上我们是五代上的亲戚，来往得不多，所以我童年的时候不太认识。但是他老婆我是认识的，堂伯母是个非常泼辣的女人，附近三四个村子都知道她的大名和骂腔。她儿子移六与我在同一所小学读书，移六与同学吵架，她就会到学校来大吵大闹。

那是20世纪90年代末，经济有所发展，我们小孩手头开始有那么一毛两毛钱的零花钱，下了课到学校旁边的商店去买糖粒子吃。当时，村里只有一个供销社，糖粒子不零卖。不远处有一个私人商店，当时叫经销点，老板是本村人，在外面见过世面，做生意挺聪明，无论学生买多少都可以。我们常拿一分钱两分钱去买糖粒子，老板很有耐心。

堂伯父也许看到了这里的商机，开始做起米糖生意来。听人说，米糖是从他的女婿那儿——白溪镇贩来的，也有人说，是从圳上镇贩来的；但是，我到现在还不知道米糖到底是从那里贩来的。据说，米糖是用大米做的，他们有根有据地说，米糖上面的大米粉那么多，不是大米做的吗？

米糖加碱发空，有大大小小的气孔，再成直径一尺左右的盘，寸把厚。堂伯父的米糖担是一担皮笋，把米糖盘放在皮笋上的筛子里，米糖与筛子间隔层大米粉，米糖上撒层大米粉，看上去就是一层白色的灰尘。所以，从这以后，我们那里有了一个新的词语表达：小孩身上沾满了灰尘，父母就会说你的衣服成了米糖啦！

堂伯父有一套行头：一个"7"字型的凿子，一把小锤子，一杆星子称。

学生手上零花钱不多，买米糖以一毛钱为单位，有块厚莴笋片大小。同学之间很讲感情，一块这么小的米糖要与几个好友分享。某人买了一块，要请堂伯父再凿碎，每人一小块，放在嘴里，慢慢地用舌头搅动，在口腔里盘旋。有时候，米糖刚买到手里就上课了，我们在课上偷偷地吃，一节课就在甜蜜中度过，听课也特别有劲，偶尔相互之间抿着嘴偷偷一笑。米糖一咬，就会卡在牙齿上，特别是在口腔里慢慢融化的米糖，粘在牙齿上的概率非常大，粘住了就得用小手去抠，才能把米糖抠下来，重又塞回嘴里。

当时，有零花钱的学生很少。我不买铅笔、作业本、墨水，父母很少给我零花钱，可是，米糖实在吸引我们的口水。当时，我那些同学都很顽皮，也会干些小坏事。

生活在大山里，饿了在地里抓点什么吃很正常，虽然有人会骂街，几乎没有一个人不偷花生、红薯、玉米、甘蔗吃的。其实，品行是在成长的过程中靠父母教育的，父母会教育，小孩长大后就会不偷人家的东西了；要是父母不教育或者不会教育，小孩到老都是毛手毛脚的。

学生不是明目张胆地抢，而是趁同学买米糖的时候摸点，方法莫过于起哄、打架两种。起哄是有钱的同学去买米糖，年龄大的个子高的胆量大的同学尾随其后，装做去抢同学的米糖，走到摊点前用力往前一推，前面的没站稳脚就往前倾，后面的压过去，就趁机摸一小块。打架是故意在摊点边争吵，推推拉拉，其他人趁机浑水摸鱼。堂伯父遇过几次这样的事后，就不先把米糖凿碎，学生买多少再敲多少下来，想趁机偷点的同学也就没机可乘了。

堂伯父每逢学生下课时才有生意，一天挣不了多少钱。但是，他在操坪里摆了个米糖摊子，商店的生意就明显下降。毕竟糖粒子只有那几种，学生吃多了也腻了，换种口味也许会好些，米糖的生意就出奇地好。堂伯父影响了商店的生意，商店老板马上想出对策。商店老板对学校校长和老师突然好多了，还摆了一副象棋让老师们课间杀一盘。但是，商店老板真正给了老师们什么好处，我那时候也不太清楚，应该说是有的。学校的老师马上不准堂伯父在学校里卖米糖，特别是不准在学校操坪里卖，说什么扰乱学校正常的教学。堂伯父就只好在学校通往商店的路上卖米糖，而这个地方正好是属于商店地盘，商店老板就赶他，堂伯父没地方摆米糖，就只好打游击。这不知怎么被堂伯母知道了，她怒气冲冲地跑到学校，跟商店老板大吵一架。因为她是泼妇，任何人也不怕，吵得整个村子都沸腾了。她逢人就诉苦，宣扬商店老板如何霸道。后来，她又跟学校的校长吵了一架，学校的老师见她骂街，都躲得远远的。

堂伯父只好挑着担子到邻村去卖米糖，早出晚归。毕竟他是老人，不能走更远的路。我后来才知道，堂伯父卖米糖不只在邻村，他到了很远的地方，方圆二十里都认识他，见面就问他有米糖吗？他成了公众人物，也就成了大家的交通员。我们那闭塞的山村，通讯很不发达，大部分靠捎口信，堂伯父就担当了这一任务。人家需要带个口信，就托他捎信。当然，少不了要到他那里买几毛钱的米糖。

我们在学校买不到米糖，那商店的生意也一蹶不振。后来听人说，商店老板做生意价格很贵，还有假烟、假酒。这消息应该是商店生意不好的主要原因。我曾怀疑，这消息是堂伯母宣传出来的。

我进城读书那年，堂伯父去世了，米糖在家乡消失。

鸡蛋挑起的风光
生意难易由人

堂伯母吃了早饭担着鸡蛋去乡邻间转悠，她转悠不是一般的叫买，是给人家送鸡蛋。

鸡蛋对于农村来说应该是不缺的，到20世纪90年代末，农村养鸡的人越来越少，土鸡蛋更少。农民要吃鸡蛋，只有买饲料蛋吃。

堂伯母在堂伯父去世后接起了他的米糖担，但无法接起堂伯父的生意，怎样做都无法达到堂伯父那个鼎盛时期，堂伯母就明智地放弃了米糖生意。而她作为一个女人家，死了男人后，又不能不靠自己赚钱来养家糊口。堂伯母在女儿的协作下，抱着试一试的心理，做起了鸡蛋生意。鸡蛋生意并不好做，很多人家里养了鸡，吃鸡蛋自家产；只有富裕点的家庭才买，毕竟要的量不多。

堂伯母先进了一箱鸡蛋，担着穿街走巷，吆喝着"卖鸡蛋"。一天到晚很难卖掉几个。卖了四五天，好不容易才卖完，却挣了十一块钱。堂伯母想，这回生意还是赚了钱，下定决心要做鸡蛋生意。当时商店也有鸡蛋卖了，只是鸡蛋卖得贵些。土鸡蛋一块钱两个，饲料蛋商店卖一块钱三个，她卖十块钱三十五个。买蛋吃的人有了区别，吃土鸡蛋的人少了，买饲料蛋的到商店一问，宁愿多走几步路到堂伯母家去买，就这样，堂伯母的生意在我们村打开了缺口。在农村，农民也求便宜，宁愿多走几步路省一块钱。

我去堂伯母家买鸡蛋，那时进城读大学了。父母体质差，在长沙带些天麻、人参回去，一买就是五十、一百元，带回去的人参有半斤多。堂伯母身体也有些小病，母亲给过她一两支人参，堂伯母感动得鼻涕一把泪一把。堂伯母吃了母亲给的人参，一两个月身体没有任何毛病，做生意很有劲，非常羡慕我的母亲。

堂伯母家在二伯屋后，我常去二伯家，却没进过堂伯母家的门。这次去她家买鸡蛋，她不仅送我十个鸡蛋，还硬要留我吃饭。堂伯母吃了早饭担着鸡蛋去乡邻间转悠，她转悠不是一般地叫买，是给人家送鸡蛋。堂伯母虽然没读书，心里却有本谱，哪家哪家吃鸡蛋以及多久吃完十个鸡蛋，她就隔几天送鸡蛋上门。她担着鸡蛋直接上门，按顺序一户一户地送，吃鸡蛋的人毫不推辞。她也偶尔叫喊几声，那是在人多的地方喊"卖鸡蛋啊，卖鸡蛋！"没买过鸡蛋的人问这问那，她就不高兴，要别人去经常买她鸡蛋吃的人那里问。有人敢说她的鸡蛋不好，她就破口大骂，吃过她鸡蛋的就来劝架。就这样，堂伯母的名声越来越大，她的泼辣和她的鸡蛋同时传开了。

堂伯母的生意越做越大，相邻十几个村子的人都吃她的鸡蛋。堂伯母改变了生意策略，选择做大户，定时送货上门。她立了个不成文的规矩，清早、下午在家做生意，上午给大客户送鸡蛋。之后，堂伯母进一步降低价格，吃鸡蛋的人猛增，连商店老板也要上她的家门买鸡蛋吃。堂伯母的鸡蛋风光了几年，每月要买到六七十箱。今年春天，堂伯母的脚突发风湿病，行走不便，由儿子进货，她只待在家里卖鸡蛋，生意还是那么好，那些大客户都自己上门来买，偶尔订货，她托人带鸡蛋给买主。

摸索生存资本

不断醒悟的过程

听人说，积宝木
匠喜欢吃肥肉；老板
请他锯木材，要准备
好肉好酒好烟招待，
不然他不高兴。

> 我想，积宝木匠这些年应该摸索到了自己的生存资本 —— 那就是务农。

积宝木匠是同学的父亲，与我父亲同辈，年龄相仿。

相传，积宝木匠的父母是地主，在1980年前没有过一天好日子。改革开放后，积宝木匠很勤奋，做细木匠（家具木匠）赚了钱。后来，他不做木匠，买了台柴油机和一台圆锯机，给人家锯木材。

那年月，木材多，村里建房的人多，嫁女的也多，还讲究打十几件家具。村里只有积宝木匠一台锯木机，想锯木的人家要提着糖酒上门去请。听人说，积宝木匠喜欢吃肥肉，老板请他锯木材，要准备好肉好酒好烟招待，不然他不高兴。村人图吉利，家家搞好酒好肉招待。

我家的木板房还没装好板，想请积宝木匠锯木材。积宝木匠与父亲玩得好，父亲去请他，积宝木匠就说，老石（父亲叫寄石），你去年杀了一头三百多斤的猪，还有腊肉吗？父亲说，老积，一定有你吃的。积宝木匠爽快答应了。

第一餐，母亲煮了两大碗腊肉，每块巴掌大，半寸厚。吃饭时，积宝木匠一连吃了七块，喝了三碗烧酒冲的米酒，脖子通红，讲话带着砂锅声。对父亲说，老石，我跟你说实话，我不喜欢去伙食差的家里做事，吃着肉都不倒瘾（不够过瘾）。以后，母亲都搞大碗的肉，吃得积宝木匠满嘴是油，干活确实努力。表哥来帮忙，也能喝酒吃肉，两人干活更来劲了，都争着做。一个周末，早晨下雨，我们姐弟吃完饭就去邻居家玩了，他们两人见下雨不好干事，边吃边聊天。我玩了一圈回来，他们还在吃。酒喝完，其他菜也吃得差不多了，只剩半碗腊肉，大概十来块。他们就比谁厉害，你一块我一块，吃到后面还剩六块，就分成两碗，各自吃完倒在我床上睡着了。

看到锯木机赚钱，头脑灵活的村人买了锯木机，也干起锯木的行当，没做过木匠的人也学会了锯木，请积宝木匠锯木的人明显减少了。不到半年，积宝木匠就只能在家里休息了。

积宝木匠把锯木机卖了，在屋后搭了间房子，做机房，买了一台打米机，把柴油机做了打米机的动力。积宝木匠的家在一条冲的口子上，冲里住的三百多人都靠他的打米机吃饭，生意特别红火。他又置办了磨粉机，早上、下午都很忙。积宝木匠照样不要务农，生活过得很好。

不到一年光景，全村用上了电。村里有了大型打米机，打出来的米洁白、光滑，吃起来柔软很有糯性。积宝木匠的柴油机打的米很黑，吃起来很糙，水大点米就开花，像爆米花。消息传开，打米的人都愿意多走几步，不在积宝木匠那里打米了。积宝木匠想挽回局面，价格下降三分之一，虽然有几个人打米，但也少得可怜，一天难得开一次柴油机。

不久，镇上来了一种双峰产的电打米机，即家庭打米机。有户人家一千元钱买了一台，用着还可以。离加工厂远点的家庭都买了家庭打米机，积宝木匠的生意就绝迹了。他不得不卖掉自己的柴油机，机房做了杂屋。

积宝木匠又拿起自己的工具，给人家做粗家具（打桶木匠），他做的粗家具不是没箍紧就是漏水，纯靠米糠来塞缝。别人就暗地里叫他打桶木匠（骂人做不了事的意思），传到积宝木匠耳朵里。他再也没有脸面出门做木匠了，全心全意在家务农。

几年后，大家忘记了他是个手艺人，把积宝木匠这个名号当外号叫。到了收割稻谷的时候，常听人说，积宝木匠的田做得好，谷子比我们的一穗要多几十粒。只有积宝木匠自己知道，他的生存资本被社会淘汰，只得务农，不然连饭也没得吃了。

我想，积宝木匠这些年应该摸索到了自己的生存资本——那就是务农。

裁缝铺的窗台

忆往昔物是人非

学裁缝要一只猪肘子，三百元学费，学六个月出师。

很小的时候，我很迷惑，一个老师，还要建个裁缝铺干什么呢？

裁缝铺是一间不大的房子，孤单地坐落在一个突出的土台上。

很小的时候，裁缝铺就在那里了，大人说那是建主老师的裁缝铺。我当时很迷惑，一个老师，还要建个裁缝铺干什么呢？而且把它建在一个单独的地方，像农村的庙。又听人说，建主老师很严厉，喜欢扯学生的上眼皮。我上学，就不敢用正眼看裁缝铺，也不敢去那儿玩，怕建主老师真的扯上眼皮。

稍大些，建主老师升为校长，常常嘴里叼支香烟，穿着合体笔挺的中山装，夹着烟支的手挥来指去，非常神气。看到学生顽皮，开口就骂，吓得他们鸟兽散。我读书、上学、放学都要经过裁缝铺门口，看得多了，才知道建主老师不是裁缝，裁缝铺是他妻子的。建主老师的爱人是个比较肥胖的女人，走起路来一筛一筛的，像个荡漾着的糠筛，脸上堆着笑容，满脸的肉颤抖。

慢慢的才知道，建主老师的爱人没有工作，专门做裁缝。据说，她是村里第一个学裁缝的，结婚时她哥哥送了台缝纫机，就去学了裁缝。那年月，农民的经济开始活跃，农民的衣服自己买了布请裁缝做。母亲想自己缝衣服，花了两百多元钱买了台华南牌的缝纫机，到建主老师的裁缝铺学了一天裁剪布料，就自己学着做衣服。母亲是眼尖手快的人，做事都是一看就会，摸索着做了几天，做出了我们姐弟的衣服。

不知哪家把女儿送到建主老师的裁缝铺学裁缝，学完几个月回家就可以做衣服了。其他人家的女儿都赶时髦，吵着闹着要学裁缝，学裁缝马上成了一种风气。学裁缝要一只猪肘子，三百元学费，学六个月出师。后来才知道，当时的风俗是结婚时父母要打发女儿一台缝纫机，在没结婚前要学会一门手艺——缝衣。我从裁缝铺前走过，看到里面很多的人，本来裁缝铺就不大，放了一块案板，剩下的地方就更小了。建主老师的裁缝铺每期要招六个学徒，学徒们并排坐在裁缝铺里。当时想学裁缝的人多，师傅只有一个，急于想学的就在过年、过节送礼，期待排上一个号。这消息不知怎么就传出去了，送礼的人越来越多，礼物也越来越大，成了春节的意外话题。

裁缝铺右边建了一间房子，是圣初老师的裁缝铺，也带学徒。

那天，我们上学去得早，听几个人聚在裁缝铺不远处议论，内容是两个老师打架的新闻。后来事情越来越清楚，建主老师怪圣初老师抢他的生意，圣初老师就说生意任何人都可以做，两人对骂几句就打了起来。我已经记不清楚事情是怎么了结的，只知道后来隔三差五听到他们吵架的新闻，慢慢的这种吵架大家习以为常，谈论的人都少了。

村里的裁缝越来越多，尽是裁缝师傅、裁缝徒弟，再去学裁缝的人已经少了，而且镇上赶集买成品衣服非常便宜，裁缝已经失去了原有的作用。两个裁缝铺给整天打牌的人提供了一个场所，闲人聚在相好的一间裁缝铺里，打升级赌钱。偶有三缺一，或者组合不了一桌牌，那些男人就调戏裁缝徒弟，也闹了一些新闻。

农民开始冷静地考虑要不要学裁缝的问题，还有人看不起学裁缝的女孩，认为她们很风骚。给建主老师家送礼的也没了。建主老师的爱人成了一只独去独来于学校与裁缝铺之间的肥笋，孤单地散步。

建主老师改造了学校的厨房，要求三至六年级的学生上早、晚自习，学生交钱。交米搭伙，建主老师的爱人成了学校的校工。虽然家长反对，但是都希望自己的孩子多读点书，也就把搭伙费交了。这样的生活过了三四年，都相对比较平安。

一个突然的消息，说建主老师得了胃癌，到长沙的湘雅医院就治，我去看望，却没有找到病房。不久，就说他病逝了。找了一些关系，他儿子顶职教书，建主老师的爱人还在学校做校工。

我前些日子回老家，见裁缝铺的窗口又开了，已经没有打牌的人，建主老师的爱人在缝衣服。

点起家家户户的灯
共享欢乐

电灯照亮了黑暗了兀千年的山村。

大年三十，还有几户人家没有照上电灯，大家把感叹忘记在春节的欢乐里。

20世纪80年代末，邻村人用电灯，我们还用煤油。方圆十几里，只有托山、回龙两村没有通电，其他已经通电几年了。在托山小学读书，与邻村的同学在一起，常常遭到他们的嬉笑，说我是煤油熏黑的。

那年奥运会，托山小学的老师看开幕式，全校放假一天，老师都去亲戚家看电视。而这件小事，反响非常大，父母都很气愤，把事情吵到村委，引发一系列的变化。全村对架高压电进行大讨论。凡是有孩子读书的，都要求架高压电，强调孩子晚上做家庭作业光线好；刚结婚生子的，希望有电灯给婴儿换尿布方便。

我们是山区，没有经济来源，也没有政府支持。架高压电的电杆、电线已经是我们沉重的负担，还要搭伙费真是雪上加霜。但是，又无法到其他的村去搭伙，因为路途遥远，而且要翻山越岭，就是电杆都无法抬到山上去，还何况高压电线呢？

电要架，搭伙费要出，全村开了一次又一次大会，都没有解决大家的思想问题。大伙想不通为什么要交这么多的搭伙费？年轻人就集结要去打邻村村委领导，想强行搭伙，但是被老年人给阻止了。大家开始怀疑村委有些猫腻，交了钱的人吵着要用电，没交钱的吵着要公平，事情闹了一个冬天，春天又接着吵。事情已经不能再拖，越拖越麻烦，村委只好把高压线的资金与低压线的钱分开交，收到高压线钱，忙着买电杆、电线。奋斗了个把月，高压线架好，但是低压线还没有动静，村委又开大会，宣传挂上电灯来过年，家家户户亮着电灯过春节。

架好了高压线，大家看到了希望，看到了雪白雪白的电灯放出的光芒。村民想到还要交钱，都泄了气。村委挨家挨户动员，可以变现的东西都卖掉，花生卖了、黄豆卖了、猪卖了、牛卖了，还是不够。村委就上门来说，架电只有一次，等架好了电，以后什么东西都可以再买，村里成批成批的东西被卖掉，直到交够了架电的钱为止。

变压器装好，低压线马上拉开，周围的家庭亮起了雪白的电灯。第一个灯亮了，接着很多灯亮了，照亮了黑暗了几千年的山村。村民第一次用到这种电，心里有说不出的美和自豪，一照就是一通宵。天黑吃过晚饭，山民没有马上睡觉，游荡到外面，看自己家的灯是否比别人家的更亮。村民的睡眠规律打乱了，作息时间修改了。没架好电的人家急了，跑到村委去吵闹，要求马上通电，没钱人家的思路也变通了，很快借钱交上了剩余的钱。于是，安装有条不紊地进行着。几条冲的村民天天盼，盼望早点架到自家门口。等了很久，电线终于架到我家门口，全家人都兴奋了，大呼小叫，暗自庆幸。

大年三十，还有几户人家没有照上电灯，大家把感叹忘记在春节的欢乐里。

嘴馋的记忆

敏感觉察特色口味

童年时候，我并不真正嘴馋，却留下些嘴馋的痕迹。

> 吃不仅是种时尚而且是种记忆，一种深深地埋在心
> 底里的记忆。

童年时候，我并不真正嘴馋，却留下些嘴馋的痕迹。这要从嘴巴上的痣说起，嘴巴上下四五个，母亲常说我生的是好"呷"（湖南话吃的意思）痣，还说我以后吃是不用愁的。当时，我没有发现我很会吃，也没有发现自己是一块吃的料。还常常想，如果人可以不吃饭，那可以省很多的事。就是嘴上的这几颗痣，我时时记着让它们发挥作用，给我带来荣耀。

姑妈家离我家不远，翻过一座山就到了。姑妈把我当她自己的孩子，满崽满崽（宝贝）地叫个不停。姑妈很好客，与我母亲的关系特好。秋后一天，小表哥告诉我，二表哥昨晚在他家背后竹山里打了六只斑鸠，要我去他家吃斑鸠。我没有吃过，很想去尝尝。另一个想法是跟二表哥晚上去打猎，看打猎是什么样子。我家不准打猎，母亲常告诫我"十次打猎九次空"，还举了很多例子，说打猎的都是穷人，过一天算一天的。我对打猎很感兴趣，也很想了解详情。到姑妈家，看到两只鸟，问姑妈，说是竹鸠。姑妈没有什么招待，就把热在锅里吃剩的老鼠肉端出来，说是野兔肉，要我尝尝看味道怎么样。我年幼无知，虽吃过野兔肉，却忘了是什么味道。只记得野兔肉有很多的小骨头，肉却很少，要仔细地吃才能吃出味来。老鼠肉也有很多小骨头，吃时凉凉、腥腥的，肉虽细腻，却是一丝一丝的，有点韧劲。当吃到一块肝时，我才明白那不是野兔肉。我吃的肝很腥，是老鼠肝，进口就感觉不舒服，只想吐出来，我又不敢对姑妈说。

第二天回家，母亲问我到姑妈家吃了什么好菜，我把吃的味道讲给母亲听。母亲说那是老鼠，我就呕了。母亲在姑妈家吃过一次老鼠肉，母亲的味觉很灵敏，一下就感觉出来，当场就呕了。姑妈就再也不搞老鼠肉给母亲吃了，还说母亲是金贵身体，只能吃海参、燕窝，吃平民菜就会吐。

后来我才知道。姑妈家的人都喜欢吃带腥味的菜，凡是有腥味的东西，他们都是那么的热衷。如果抓到一条泥鳅，带回家，都要当山珍海味，花尽心思，加很多的其他东西做成一碗菜，虽然一家人吃不到腥味，也能闻到腥味。父亲由此给姑妈总结了一句话：抓到一条泥鳅，用一斗白辣椒煮着吃。

从此，我到别人家吃饭都很注意，什么菜看清后再吃，只吃眼前几个菜，少吃点都很甘心。

端午雨

纠缠的好事

定亲的男子，要给岳父送一只肘子、一条鲤鱼，贴上红纸，给妻叔、妻姑、妻舅送上粽子和猪肉，开始走新亲戚。

每当临近端午，长沙就下起了梅雨，我就想起了家乡——大熊山周边的端午雨。我的童年，没有时间和季节的概念，更没有用日历来计算的方法，节气都是通过气候来判断。

在这些气候明显的节日里，最让我记忆尤深的是端午。端午前几天，晴好的天气开始阴阴沉沉，雨水落地就连绵不断，持续数日，气温转低，空气清新。雨水冲洗过的山岭，草木郁郁青青，山里的花朵散插在树影里，早春的野果已经成熟。红灿灿的野樱桃，挂在嫩叶间，非常招人喜爱，酸甜的味道，勾起小孩的馋嘴。饱满的山茶泡，飘荡在油茶树的风摆中，一晃一晃，闪现它雪白的肉体。还有带着暗红色油皮的山茶泡，在高高的枝头流连那半边红脸，耻笑那青春年华。

端午前后，农民忙着插田下种。平地的水田，早已长满整丘禾苗。山坡上的旱田，筑着高高的田垄，等待甘露的降临。端午前的这场春雨，正好满足了农民要种旱田的需求，农民把它叫救命雨。天气阴沉下来，农民忙着准备犁耙，割上青草喂饱耕牛。雨常在晚上来临，噼噼啪啪下一整晚，浇醒了很多人的美梦。天还没亮，农民就牵着耕牛下地，赶到自己的旱田里。田已经满满地吸收了一丘水，农民赶着雨水把田犁翻。裂开缝隙的旱田浸泡雨水，开始软和下来，荡起阵阵泥浆。翻耕过的旱田，继续收藏雨水，插上禾苗，确保一年的收成。

农民忙了一个早晨，也该回家吃饭，把耕牛放在田边，让它享受带着雨水的青草。农民再回到田里，凭着挂在牛脖子上的铃铛，知道牛在哪里吃草。漫山遍野的油茶树，长得比较低矮，枝叶散开像把伞。农民爬山越岭找牛，常感口干舌燥，看到油茶树的山茶泡，常摘来解渴。山茶泡像小灯笼，密密麻麻，挨挨挤挤，很是可爱。农民很难舍弃，干脆脱下裤子，扎住两个裤脚当袋子，摘满了带回家，散开装在筛子里，洗后给邻里和客人吃。

一年一度的开荤，也选在端午。农民过年做了很多腊肉，一般可以吃几个月，就很少买新鲜肉。端午左右，一般人家的腊肉吃完，必须买新鲜肉吃。村里的屠夫趁着端午前的雨天，满村访猪，找条又肥又壮的猪，在端午前一天杀了，两天下来，几百斤猪肉很快卖完。家家户户飘着肉香，享受着第一餐鲜肉。

定亲男子和新婚女婿，端午是他们的节日，趁这个佳节去拜见岳父岳母，家乡叫送端阳。定亲的男子，要给岳父送一只肘子、一条鲤鱼，贴上红纸，给妻叔、妻姑、妻舅送上粽子和猪肉，开始走新亲戚。定亲男子礼俗不周到，女方可能提出退亲，女子本身有相好的，常以送端午不尊重为理由，与男子闹矛盾或分手。只要哄好岳父母，两位老人满意，这门亲事也确定了，男方还可趁机提出结婚时期，早早娶妻成亲。新婚女婿和新婚女子趁端午探亲，感谢父母的养育之恩。在家乡，农民把这些事情统称端午雨，让记忆常新。

端午的苋菜

端午节的双重含义

在新化农村，已经定亲的女孩往往把苋菜当作爱情草，希望它快快生长，给她带来个强壮结实的男人。

梅山人的端午节，不是一个追逐和缅怀屈原的断魂节，而是一个极其浪漫的情人相会节。

新化人对端午的认知，可以说是从一种植物开始的。这种植物就是我们常见的苋菜，只是新化人把它叫成薅菜、汉菜。新化人去认识薅菜的目的不是为了养花养草，做个护花使者，而是要把它作为食物，用它来祛毒和清理肠道。

我这样说有人会觉得新化人有点神，甚至说我是牵强附会，还会义正词严地说难道在远古的生活中，新化人就开始祛毒养生了。而事实确实是这样，梅山人在数千年的生活中积累了无数的生活小知识，贯穿在食物之中，成为人们生活的组成部分，演变为一种常识，当做习俗一样代代相传。

在新化农村，评价一个女人是否是合格的家庭妇女或妻子，从种菜和持家上来说，上半年如果在端午节这天吃不到新鲜青辣椒和鲜嫩的红薅菜，那么这个女人是不合格的。在那些传统的家庭里，丈夫绝对不会认为她是个很好的妻子，公公婆婆也不会认为她是个很好的媳妇，给她戴个"懒"字的帽子是逃不掉的。

在新化农村，即使是懒女人和不会持家的堂客们，都会在婆家亲人和周边邻居的帮助下做好两件事。在布谷鸟还在忙着叫"布谷、布谷"的时候，她们就会行动起来，先整一两块肥沃、向阳的土地，栽上辣椒秧子，散上薅菜种子，等待它们的生长和开花结果以及端午节的到来。

梅山人的端午节，不是一个追逐和缅怀屈原的断魂节，而是一个极其浪漫的情人相会节。

在古代，梅山的未婚男女是不能相见和相识的。只有到了男女双方可以结婚成家的年纪，男子必须在端午节这天去准岳父岳母家送节，才能开始他们的人生旅程。这次送节意义重大，一是让准女婿正式上门认亲和参与礼尚往来；二是男方确定结婚的具体时间，在这天告诉女方；三是准岳父岳母给准女婿消毒，让女儿接受一个干净的男子；四是让女儿和女婿素脸相认，埋下爱情的种子。

准女婿送节，不只是给岳父岳母送礼，还要给岳父岳母家的至亲（祖辈的爷爷奶奶、外公外婆，父辈的伯伯叔叔姑妈、舅舅姨妈，平辈的哥哥姐姐、表哥表姐）都要送礼物，分酒、糖、肉三样。必须与岳父岳母的礼物一起送到岳父家，不必要一户一户去送，可以由岳父岳母分送出去。这样一对新人结婚的日子就传播开来，亲戚、朋友和邻居都知道了他们的婚期，会赶在结婚那天来祝贺他们。

准女婿是个陌生的男子，突然进入这个新的家庭，成为他们的外甥，这个家庭成员就要把他当作半个儿子来看待。岳父岳母就要把女婿当上宾来招待，用女婿送来的最珍贵的猪腿把肉招待女婿。猪腿把肉需要煨煮才有味，小炒还不如五花肉。岳母就从人情肉里选一块五花肉或半五花肉出来炒青辣椒，招待第一次来家吃饭的女婿。岳母还要做一道清水煮葎菜汤为女婿打毒，清除他体内淤积已久的毒素或者说排除立春以来吃进去的发物产生的毒素，好让女儿、女婿在圆房之后就马上可以怀孕。在接下来的女儿、女婿相认的过程中就扫清了很多障碍和铺开了道路。

岳父岳母招待准女婿的中餐时间，待嫁的女儿是不上酒席的。等女婿酒足饭饱之后，岳母娘要带着准女婿去与女儿相见。如果女儿对夫婿不满意，还可以与父母商量处理。如果女婿觉得未来的妻子有太多的缺陷，可以扬长而去，毁了这门亲事；或者可以利用这个机会对未来的妻子有个初步的了解和简单的沟通。女儿女婿若是青梅竹马的伙伴或者相思已久的情人，他们可以打开着门说自己的情话，岳父岳母绝对不会干涉。就是小两口拉拉手或者来个亲嘴，这样的亲昵也是无妨的，最多是不懂事或幼小的弟弟妹妹偶有来打扰的，一般都会被父母叫走。即使小两口聊到情深处，逾越了鸿沟，岳父岳母也不会横加干涉，或者因为这次亲密接触甚至中奖，女孩有了身孕，下半年挺着大肚子结婚，也不会有人耻笑和看不起。甚至有些子女少的家庭，更希望先孕再婚。

在新化农村，已经定亲的女孩往往把葎菜当作爱情草，希望它快快生长，给她带来个强壮结实的男人。她们种下葎菜之后，就会想方设法让它快点生长。母亲或者过来的女人会告诉她们一个秘诀，用自己的洗澡水去浇灌这些葎菜。葎菜在梅雨季节本来是不缺水分的，它们的生长却停歇不前，长得又矮又小。只要年轻女子泼上洗澡水，葎菜在两三天里就可以长一两寸，并且茎叶肥壮、茂盛，非常鲜嫩。

端午节那天，不只是做准女婿的新化人要吃葎菜汤，其他人也要吃。他们认为端午节是个消毒的日子，家里插上艾叶，清洁家庭。喝碗雄黄酒，可以祛虫毒和蛇毒。再喝碗葎菜汤，祛除自己体内淤积的毒素。只有这些都做了，才觉得端午节过得完满。

二伯赌肉

骗嘴巴的三赌三胜

二伯一坨一坨地把红烧肉往嘴里塞，像饿极了的人大口大口地吃米饭。

二伯三次赌肉，每次吃十斤，都是以胜利告终。

经历过20世纪贫穷年代的人，他们对猪肉的渴望是前所未有的。这些少肉吃的农民，他们渴望吃一餐饱肉，过一次瘾，但是这样的机会却很少。他们把吃肉叫做打牙祭，也就是让牙齿、嘴巴、舌头、喉咙得到油水的润滑和享受，农民叫做骗嘴巴。

在20世纪六七十年代，新化农村的人为了吃餐肉，在逢年过节的时候，生产队都要杀猪，每个人会分到几两猪肉；也常有人与他人打赌，能一餐吃多少肉；公共食堂或者大队干部与大队的某个人打赌，要他一餐吃下几斤肉。

说到这里，母亲就会给我讲个故事。

我二伯为了吃一顿饱肉，与大队的人打赌，他可以吃十斤肉。大队干部听到这句谣言，就找到二伯，问他是否真的想吃肉。要是很想吃就与他打个赌，赌十斤肉，吃完了二伯就赢了，吃不完就输了，要赔大队五十斤肉。二伯实在太想吃肉了，管不了那么多，就答应了。

大队干部第一次与社员打赌，比较实在，十斤肉没有完全选肥肉，选那种兼肥带瘦的软肋肉，吩咐食堂的师傅给他做成红烧肉。现在说哪个人能一餐吃十斤肉，那是天方夜谭；在我二伯那个时代，有十斤肉可以独享，那是美差一件。

二伯有能够一次吃十斤猪肉的机会，别提有多高兴。他可以大吃特吃，也不用考虑父母，也不用考虑兄弟姐弟，更不用为谁留点、省点，自己只要尽情地吃就可以了。

食堂的师傅接到任务，就马上开始工作，给二伯做十斤肉的红烧肉。红烧肉还没有做好，二伯就心里痒痒的，很想吃了。用家庭主妇骂人的话来说，那是喉咙里伸出一只手来了。二伯守在厨房里，围着灶转圈儿。红烧肉还只有半熟的时候，二伯就忍不住拿着筷子要试味，一下是看盐放足了吗？一下是看肉的油炒出来了吗？一下是看瘦肉成丝了吗？一下是看肉皮熟透了吗？他左一坨右一坨，就这样试着味。等食堂的师傅把红烧肉做好，二伯已经试完两三斤肉了。

红烧肉全部做好之后，大队食堂没有给二伯提供其他的菜肴和酒，就是一钵子红烧肉。二伯本来不太喝酒，也喝不了多少酒，就不在乎这些了。二伯一坨一坨地把红烧肉往嘴里塞，像饿极了的人大口大口地吃米饭。站在一旁看的兄弟姐弟们，极其羡慕二伯。我的父母，也在观看的人群里。他们也是很久没有尝过肉的味道了，心里就像猫的爪子挠一样。当然，其他社员看着流口水的人也大有人在。

二伯吃着这样爽口的红烧肉，这是他人生中的美味，也许是他有生以来第一餐放开喉咙吃肉，就不管不顾。筷子夹起一坨，塞进嘴里，又马上去夹碗里的另外一坨，他的眼睛始终没有离开盛红烧肉的大碗，筷子指的方向就是碗里最大的一坨红烧肉。其实，这是标准的红烧肉，油已经被炒掉了，肉吃起来很清爽，不油腻，肉皮很有韧性，肥肉处收缩，瘦肉处凸起，吃在嘴里入口即化。二伯的筷子就在大碗与嘴巴之间飞舞，其他观看的社员的眼光在碗与他嘴巴之间移动，吞咽口水的声音越来越大。那些社员形容二伯吃红烧肉就像捡斋粑子，往口里丢。

二十分钟不到，大碗里的红烧肉就被二伯吃掉了一半。那些围观的人已经站不住了，他们的手都向二伯伸去，很想给二伯帮忙，为他减轻点任务，也让他们尝尝这红烧肉的味道。但是大队干部来了，他眼睛一横，恶狠狠的眼光一扫，像无数的毒针射向这些社员，迅速制止了他们的行为。二伯安然无恙地吃着自己的红烧肉，他的速度没有减慢，而是在加速，他害怕别人吃了他的红烧肉，他要赶快吃进自己的肚子里。

大碗里只剩一二十坨红烧肉的时候，二伯才感觉有点饱了。但是二伯没有停下来，只是放慢了速度，他还在坚持着吃，喝了口白酒解解油腻，直到吃完碗里的最后一坨肉。最后一坨他没有吃下去，而是含在口里，在回味。

从此，二伯能够吃十斤肉的威名在附近的村庄里传开了。很多男女都向他请教吃下这么多肉的秘诀，二伯只是眯笑着，他的回答：这个吗？就是吃。

以后每次大队食堂打牙祭，大队都有人找二伯打赌，要和他赌吃肉。二伯很少接受，他知道，这餐肉，让他三五个月不再想肉吃了，这个时候再与他们打赌，自己吃不完就会输。

过了一年多，又有人向二伯提起赌肉的事情。二伯没有犹豫，接受了，赌肉的量还是十斤，只是肉由他们来选择。这次他们选择的是肥肉居多的硬肋肉，有两三寸厚的老肥肉。他们把肉砍好之后，又想出了一个办法，就是由他们来决定红烧肉的做法。

他们做红烧肉的方法虽然大致相同，但是都没有把红烧肉炖得太烂，也没有把红烧肉的油全部炒掉。二伯吃在嘴里，无法入口即化，咬一口下去油汩汩的，吃得满嘴都是油。

他们的这个办法难不倒二伯，二伯已经一年多没有吃到肉了，肥肉正好满足他的需求。当然，肥肉吃起来就容易油，也很腻人。吃了五六斤，就有点吃不消了，吃的速度就慢下来。但是他们兄弟姐弟多，很多人都想吃，而吃不到。我父亲借着送白酒、送水的机会，与二伯接近，二伯也就借这个机会，每次夹一坨大肥肉给他的五弟我的父亲，我父亲端在手心里，在嘴巴面前一抹，肉就进塞嘴里了。父亲四五个来回，吃了四五坨大肥肉，也饱餐了一顿。二伯多喝了几口白酒和水，还是把那十斤肥肉吃完了。

两次打赌，二伯都赢了，再与他打赌的人就少了。

两三年之后，有几个后生不服气，要与二伯赌肉。二伯没有拒绝，接受了他们的打赌。后生的想法很简单，兼肥带瘦的好吃，肥肉也容易下咽，但是瘦肉就吃起来难得多了。后生选择了十斤后腿肉，肥肉很少，尽是瘦肉，他们不用红烧，也不用煨膀蹄的炆法，而是切大块小炒，小炒的肉不烂，需要用牙齿去嚼，嚼碎才能下咽。

二伯从小到大，很少吃到纯瘦肉，现在可以吃到十斤瘦肉，他当然高兴。他带着尝吃的心态，没有把它当做一件事情去对待，吃起来就没有压力，他就左一块右一块，那巴掌大一块的瘦肉，吃得很爽，他边吃边笑，心里在骂：你们这些蠢人，吃瘦肉就等于吃草籽吗？

他们看着二伯把肉一块一块地塞进嘴里，碗里的肉在减少。碗里只剩下十几块肉的时候，他们看到自己没有赢的希望，就灰溜溜地走了。但是，二伯吃到最后几块的时候，肚子完全塞不下了，卡在喉咙里，不得不歇口气。那些打赌的人都走了，二伯的姐弟们一窝蜂地围拢去，大家每人帮着吃一块就完了。

二伯三次赌肉，每次吃十斤，都是以胜利告终。大队的那些人，知道自己打赌没有赢的希望，以后再也不与二伯赌肉了，把肉留下来，留给自己家人吃。

在20世纪八九十年代，二伯常来我家吃饭，我看到过他吃腊肉片的情景。那一厘米厚巴掌大的老腊肉，只有一丝丝瘦肉，二伯只挑碗里最大的块夹，一碗饭下来，可以吃四五块。那时候，他已经五六十岁了，牙齿不好，喜欢吃煨烂了的肉。

腊猪脚

多宰喜欢做的菜

熏好的腊猪脚皮带金黄色，只是比腌制前缩小了很多。这样的腊猪脚可以收入谷仓。

在新化农村，会养猪的家庭女人会持家。她会把家里的生活搞得很好，善于经营一家人一年的吃喝。母亲在新化农村来说算得上是一个会养猪的女人。

在新化农村，农民的意识里，猪脚是猪肉的边角料或者杂把落（杂碎），无论是讲吃与讲价格，它跟猪肉完全是两码事。农民认为，吃猪脚不如吃肉那么纯粹，那么实在。他们认为猪脚有骨头，占去了很多的分量，吃一口还要吐掉那些骨头，有点鸡肋的感觉。夹在筷子上，觉得是坨很大的肉，吃在嘴里，就觉得尽是骨头了。特别是农村的腊猪脚，他们认为尽是骨头，咬不到一点肉，越来越不受农民的喜欢。在农民的眼里，他们喜欢的是大肥肉，吃起来没有骨头，满满的一口肉，这样吃才感觉到舒服、踏实，根本没有意识到猪的不同部位，吃的时候味道不同。

在20世纪80年代初，农村实行承包责任制，农民自己种自家的地，都在想办法增产的同时，也在把自家的生活水平提高。在新化农村，农民解决粮食的办法是水田实行两季，种早稻和晚稻，还是不能解决吃饭问题就开荒垦地，种玉米、红薯，冬季种小麦。大米加杂粮，总能够满足一家人一年的口粮。

为增加油脂与肉类，他们开始冬季大面积种植油菜，家庭开始养猪，有的一家养三四条猪，一年的油脂就是菜油与猪油结合着用。农民种地，需要力气，也就需要多吃油脂来维持。农民一年养三四条猪，不可能全部留给家里人吃，最多留一条猪过年，其他的猪全部卖给屠夫，换点钱做家用和孩子学费。

在农村，农民喜欢的还是猪肉。猪的内脏和下水有很多人喜欢，但是卖不起价。猪头、猪脚就是边角料，不一定好卖；有的时候，屠夫就直接留给养猪的老板或者做搭料，半买半送。还有猪脖子上的那块桨板肉也很难卖掉。

在新化农村，会养猪的家庭女人会持家。她会把家里的生活搞得很好，善于经营一家人一年的吃喝。屠夫们来家里买猪的时候，主妇就要与屠夫谈个条件，把猪的板油留下来或把板油和肠油全部留下来。新化农村，家家户户喜爱的是猪油炒菜，他们认为猪油炒菜香，猪油炒菜软款（软嫩），特别是炒蔬菜，吃起来柔嫩多汁。一年有两三条猪的猪板油，就可以满足一家人吃猪油的要求，一年的食用油就不用愁了。家庭主妇把油的问题解决，一家人的生活就有了保障。

农村的屠夫没有固定的市场，杀猪也就不能天天进行，而是有一定的时间规律。20世纪八九十年代，有摊位的屠夫集中在集镇，他们每天可以杀猪，猪肉卖给集镇上的国家干部和中学老师。那些农村没有摊位的屠夫，他们的职业是农民，屠夫只是他们的一种兼职而已。他们杀猪，必须选择在重大节日或节日前一两天，猪肉才能够顺利卖掉。猪肉主要卖给那些村干部、村里的半边户、小学老师及村里稍微富裕的人群。

新化农村，农民重视的节日不多，最重视的是春节，家家户户杀年猪。其他重要节日有端午、中秋、重阳、元旦等，家庭经济稍微好一点的，都会或多或少买点新鲜猪肉过节，犒劳自己或招待亲戚。

进入21世纪，农村经济开始复苏。只要过端午节，农村的兼职屠夫就转变为职业屠夫，节日他们一天要杀三四条猪；其他时候，一天杀一两条猪；特别是有集市的村庄，赶集那天可以卖掉四五条猪，有的时候周围村庄的屠夫都集中到某一个集市。一般是三四个人合伙杀一条猪，猪杀完就分成几份，各自朝不同方向吆喝着卖，也有人在村中支摊卖猪肉的。

新化农村的妇女们养猪，有自己的养猪经。在20世纪八九十年代，家庭成员有五六口的，过年要杀一条两三百斤的猪过年，这样一家人才有肉吃。家庭成员少的，只有三四口人的，他们养一条三四百斤的猪吃不完，就会卖掉一部分或者一边猪肉。卖出去的一边猪肉就连猪脚、猪头卖给别人。家里多余的猪，她们在逢年过节的时候卖给屠夫，主要是卖牲猪，农村叫卖架子猪，卖猪所得的钱送子女读书。20世纪90年代到21世纪初，新化农村走出了大批的大学生，她们的主要经济支持就是父母养猪卖钱。

母亲在新化农村来说算得上是一个会养猪的女人。她每年要出两栏猪，每栏最少养两条猪，有的时候养三四条，最多的一年她曾经养过八条猪，最少的一年也得养四条猪。每年腊月，母亲要留一条两三百斤的猪过年，满足一家人吃肉的需求；其他猪分秋季入学和春季入学前卖掉，给我们四姐弟做学费。

母亲会过日子主要表现在两个方面。一是她养的猪卖给屠夫的时候，可以在家里杀猪，即买毛屎猪给屠夫；也可以卖牲猪即架子猪给屠夫，屠夫把猪抬或赶到其他地方去杀。杀猪的那天，母亲一定会到场，她就守着要把猪板油买回去煎猪油，满足我们一家人一年的猪油需求。二是她会把年猪的所有肉都腌制储存起来，包括猪脚、猪头等也要做成腊货，那些桨板肉做米粉肉，软肋肉做酸肉鲊，让我们的肉食多种多样。

母亲把这些肉食制作好以后，在何时吃方面也做了一些安排。我记得，腊月里猪杀完之后，其他肉都腌了，我们就用玉米炖骨头，还间或吃猪下水等。春节期间，我们吃除夕煮好的一刀近二十斤的年肉。二月里，天气还没有完全转暖，我们就着烤火的时候炖腊猪脚、腊猪头吃。阳春三月，农村已经开春挖地耕种，没有太多的时间来做吃的，就把米粉肉从坛子里取出来，用碗盛好放在饭上蒸熟吃。四月里，农村正是插田忙的时候，气温开始高起来，太油腻的东西吃不下，母亲就把酸肉鲊切成薄片，蒸熟吃。五六月，农作物已经差不多种进土里，开始锄草，农活稍微轻松一点，米粉肉、酸肉鲊已经吃完，干力气活只能吃腊肉。一般家庭，腊肉可以吃到八九月，甚至十月，也有个别家庭可以吃个对年，还有孤寡老人家庭，一只猪的腊肉吃两三年的。

在20世纪八九十年代，母亲喜欢做腊猪脚。年猪杀完，屠夫把猪脚砍下来之后，不能直接用盐腌制，需要经过红烙铁烙烫和刮刨处理。把还带着温度的猪脚平铺在砧板上，烧得通红的烙铁从柴火中抽出来，一只手按着猪脚，一只手拿着烙铁的柄，烙铁从砍的刀口处开始烙，烙铁压在猪脚上，慢慢烙过去。毛发在通红的烙铁下立刻变成焦炭，连毛孔里的毛发根部也被吸出。猪脚上的那层油皮在通红的烙铁下发出呲呲的声音，冒着青烟。烙猪脚的要领很简单，握烙铁的手用暗力压着烙铁慢慢推动，让烙铁烧焦猪脚上没有除尽的猪毛和那层油皮。油皮是猪身上的一层保护膜，可以保持体温，也可以储存脂肪。但是油皮有异味，就是骚味，所以有人说是骚皮。红烙铁经过的地方，猪毛立刻炭化，油皮卷起来，没有烧焦的猪毛和油皮会在猪脚上留下明显的炭印或者黑记，另外一些粘在烙铁上，这往往是烙铁不再通红，没了烧焦的能力。烙好了的地方呈橙黄色，偶尔有被烧烫的地方泛白。

烙猪脚需要注意的有两个地方，一是猪脚的脚弯处，相当于人的腘窝，膝盖背面的弯里，要舒张开来才能烙到，只有仔细烙才能烙好。一是猪脚的四个指尖缝，指尖缝往往容易忽略，只有烙干净，才不会吃出猪毛和骚皮。

四个猪脚全部烙完，接下来就是清洗工作。清洗要用七八十度的热水，把烙过的猪脚放热水里浸泡一会儿，再用菜刀刨。菜刀与猪脚呈直角，手用暗力，把烙过的猪脚仔细刮一遍，不能遗漏一点地方。猪脚刮得雪白，才能算刮干净。再去掉猪脚的趾甲，猪趾甲比较难去掉，让猪脚趾与地面成45°角，脚趾踏在硬地面或木头上，用菜刀的刀背敲击猪脚趾甲，敲几下，趾甲就会脱离，全部敲完，就放在另外一个盆里。再用温水清洗干净，放在腌腊肉的盆与猪肉同腌，一次性就腌好了。

腌制腊猪脚的盐很讲究，不能用食用矿物盐，必须是海盐，也就是结晶盐。猪脚骨头多，入味比较难，必须用盐卤水浸泡一段时间。猪脚与腊肉同腌，猪脚不能放在表面，要放在底层。先要在猪脚上抹一层盐，上面放硬肋肉。腌肉的盆要放在密闭恒温的木房子里，保持20℃左右的室温。海盐经过一天的渗入和融化，几乎三分之二变成了盐水，肉里的水分在盐的作用下被排出来一部分，肉里的水分与盐水融合合成盐卤水。盐卤水慢慢沿着肉往下滴，全部汇集到盆底，很快就淹没了盆底的猪脚。猪脚完全浸泡在盐卤水里，只要一两天就浸泡透了。如浸泡时间过长，猪脚就会很咸；如果时间不够，春天吃的时候猪脚就有异味和血腥味。特别是猪脚的骨髓会有滑腻的异味和血腥味。

母亲的办法是用盐卤水浸泡猪脚三天时间，再把猪脚从底层翻出来，放在肉的上面，慢慢流失猪脚本身的水分。翻出来的猪脚虽然没有用盐卤水再浸泡，不会增加盐分，但是已经浸泡到猪脚里的盐分会在20℃的室温下，继续深入骨头和骨髓。

等肉腌过了七天，就连肉一起把它们悬挂起来，挂在梁上，滴干盐卤水，再挂到灶前面的火坑上。火坑上的木梁两边有几排铁钉，母亲把每块肉和每个猪脚用尖刀穿一个小孔，用开水烫过的棕叶子皮穿过小孔，打个结拉紧，另外一端再打一个结，从中间撕开，旋转扭几下，挂在铁钉上。熏腊猪脚与熏腊肉做法相同，但是与城市的熏肉法完全不同。腌制好的猪脚在滴干盐卤水之后，就要挂在火坑上的木梁上。火坑就是农村的灶膛，特别是小灶。它的灶膛是敞开的，一部分火进入灶坑，可以烧水、炒菜、煮饭等，柴火的烟从最后的灶坑出来，进入烟囱。灶膛里燃烧的柴火有轻微的烟尘，有一定的火力往上窜，正好烤在腊猪脚上。经过一周的熏烤，腊猪脚表面的水分熏干，猪脚皮开始硬化，颜色深黄或者变浅。

讲究卫生的主妇和家庭会对猪脚采取保护措施，不让糖霉（烟尘）粘在猪脚上。一般有两种办法，一是升高腊猪脚的熏烤位置，保持在1.5米以上的空间。二是给腊猪脚包上用嫩竹子造的草纸。母亲的方法更加简单，她用一个炭筛吊在火坑上，筛底叠上报纸，把猪脚放在报纸上，上面再盖上报纸，这样继续熏烤20天左右就很好了。

熏好的腊猪脚皮带金黄色，只是比腌制前缩小了很多。这样的腊猪脚可以收入谷仓，常年保存。谷仓的温度高，不容易生霉生虫，可以保留一年左右。没有熏透的腊猪脚吃起来就有卤味、港味，或者麻舌头、紧喉咙等。有些农妇，熏腊猪脚没有经验，也不会持家。腊猪脚熏十天半个月就取下来，又舍不得吃，收在一般的室内。到第二年五六月，拿出腊猪脚来准备吃，猪脚上斑斑点点。斑点是绿色的，说明生了霉，霉倒了就留下斑点，这样的腊猪脚吃起来一定有卤味。

在20世纪80年代，家庭养猪，过年杀猪，母亲都要把腊肉节约了吃，腌制腊猪脚没有经验，放的盐少，熏的时候又没有熏透。有的时候猪脚要在四五月份才能煮着吃，腊猪脚就有卤味，切开的时候，猪脚里面的精肉还是通红的，有点捂着的腻味，这是没有腌透；有的精肉一坨坨鼓起，这是没有熏透。以后，母亲放的盐就重一点，盐浸泡透了，精肉的颜色是暗红色，但是腊猪脚的骨头里的骨髓还是有卤味，母亲就按猪脚的脚趾劈开成两块，大腿处只有一根骨头，就把两边的肉切开，虽然这样浸泡盐水容易入味，但还是不能完全解决骨髓生霉和有卤味的问题，最后母亲只好改变吃的时间，安排在二三月吃，这个时候农村的事情比较闲，我们家开荒，父母每天都要上山砍荒地或者挖新土，那种开荒的地第一年种玉米，第二年就要挖新土，把地全部翻过来，翻过来的新土可以种花生、黄豆、红薯。这都是力气活，需要体力支撑，家里的伙食就要搞好。

到20世纪90年代末，我的两位姐姐结婚嫁人，我也离开了农村到长沙，弟弟常年在外打工，家里就只有父母两人吃饭，他们就干脆不做腊猪脚了，而是吃新鲜猪脚。

年节里的肉汤焖豆皮

豆之清香，肉之鲜美

新化的豆皮产生年代比较久远，在清代就有了。在新化农村，农民们吃豆皮很讲究，一定要用最好的肉汤来烹饪。

在20世纪80年代末，在新化圳上一带的农村，农民过年之前都要准备年货，谁家里买了一把豆皮，这就是一道大菜，让邻居羡慕不已。

豆皮并不是非常贵或者很稀有，而是一种极其普遍的食材，也是家家户户买得起的食材。据了解，新化的豆皮产生年代比较久远，在清代就有了，一直在农村流传。说它是大菜，主要是豆皮在做菜的时候必须高匹配，否则就吃不出豆皮的味道，那豆皮的滑爽和鲜味就无法说起。要是与萝卜白菜结合，那吃起来索然无味。

豆皮其实就是黄豆磨成豆浆，煮开之后的豆浆水表面结成的一层薄皮，轻轻地把它捞起，晾干就是我们所需要的干豆皮了，可以保存很久。我在农村生活二十年，没有见过现做豆皮的。只见过母亲磨豆腐，在烧豆浆的时候有一层豆皮，但是母亲没有把它保留下来，而是丢弃了，用来喂猪。

前不久，我到一家餐馆去吃饭，看到他们现做豆皮。我才知道，豆皮的生产工艺很容易，只是稍微有点技巧而已。把磨好的豆浆倒入一个不锈钢盆里，盆底一直烧火，让豆浆煮开，但是火不熄，让它温着，豆浆与空气接触，马上冷却成一层皮。等这层皮慢慢增厚，表面看上去很平整，盆里也完整无缺，成灰白色时，站在一旁的师傅用一根长筷子从盆的边沿划断，慢慢把筷子移到薄膜的中间，挑起这张薄膜，在空气里悬挂一会，等薄膜滴尽水珠，薄膜凉了，就是鲜豆皮，看上去黄澄澄、金灿灿的。再过一次凉水，豆皮更加鲜艳。这样的豆皮可以直接吃，也可以晒干再吃。我吃的是蘸了辣椒汁的豆皮，味道鲜美，有嚼劲，有韧劲。

我小时候，只见过父母买回来的干豆皮，却不知道干豆皮的具体结构。直到我最近在菜市场买了一把豆皮，用温水泡发之后，才知道市场上销售的豆皮不是一张一张的，一根豆皮是一个圆柱形桶，内直径大概三四寸，大概有一米多长。我想，这可能是机械生产的豆皮，在一个圆桶里，不停地往上拉，可以拉很长很长，在晒干之后，择成1.5米左右的一段，再把豆皮捏成两寸宽的不规则扁形。

豆皮在温水的浸泡下，很快就软化在水里，泡上三两分钟就比较柔软，撕起来会扯成不规则的片。在制作菜肴时，最简单便捷的处理方法是用菜刀来切。农村的做法比较直接，就切成一两厘米宽的丝。农民不喜欢很长的丝，他们先切成圈之后，再横着切三四刀，切成两三寸的段。但是，现在酒店的做法却不同，他们为了形状美观，就把豆皮切成三四厘米宽的圈，再斜切成菱形的片，炒在菜里比较有形状，有观感。

在新化农村，农民们吃豆皮很讲究，一定要用最好的肉汤来烹饪。

农村的除夕夜，每家每户都要煮年肉，煮完年肉之后有一锅很大的肉汤。这肉汤煮的是腊肉型的年肉，肉的咸香味浓烈，已经有了盐味。农村妇女做肉汤焖豆皮，只要把肉汤烧开，把用温水泡发切好的豆皮放到肉汤里，煮开之后就行。会吃的人，知道豆皮要久煮一点更好吃，吃起来更滑爽，肉汤的鲜美味道全部进入豆皮里，激发了豆皮的豆香味，让鲜味更纯粹。

农民即使在春节，满桌子都是肉菜，他们对食材和肉也是极其敬畏和珍惜。他们不会胡吃海塞，浪费粮食和食物，他们会把肥肉和瘦肉均匀着吃。在农村，农民无论男女老少，大部分的人都能吃肥肉，也有极少的一部分人只吃精肉。

农民一次性煮一块十几斤的年肉过年，可以吃上一个春节，到元宵节不买肉。年肉一般是猪的臀部肉，瘦肉占三分之二。讲究的家庭，初一的席面上要有一个膀蹄。那膀蹄是从煮好的年肉上砍下来的，有五六斤重，不仅占据了猪腿的部位，还把年肉的瘦肉也挖掉了大部分。膀蹄是贵客的礼遇，一般时候不会端上桌子。

到了初五初六，年肉的瘦肉就更少了。家里来了不吃肥肉的客人，主人就要想方设法在年肉里挑几坨瘦肉出来。他们不可能把瘦肉从肥肉上剥离下来，就把一坨肥肉从瘦肉与肥肉相连的地方用筷子夹断或者锅铲铲断。吃饭的时候，主人夹起瘦肉送到客人的碗里，自己就吃肥肉。给客人夹菜的时候，主人会说："您是不吃肥肉的，给您夹点精肉，这块带点油筋根。"在新化农村，挨着瘦肉旁的肥肉不是肥肉，而是油筋根。客人接了夹来的瘦肉，欢天喜地地连油筋根都吃了。

家里客人少，自家的人又好吃，就会用这种带着油筋根的瘦肉焖豆皮吃。这种年肉焖出来的豆皮，不再是鲜香味，而是咸香味，香味非常诱人，并且很悠远持久。如果年肉中的肥肉多或者油脂厚，就必须多放点豆皮，吸收油脂，才能显示豆皮清淡，不然油腻腻的，就吃不出豆皮的鲜味和香味，无法感受它的味道。

在没有煮年肉的时候，寒冬腊月的农民，他们做瘦肉汤焖豆皮，也是非常讲究的。豆皮切丝，瘦肉切片。农民对瘦肉的要求比较高，瘦肉不能是完全的精肉，而是精肉与肥肉相间的那部分。农民做这道菜的时候，就会专门割带肥肉的瘦肉，三分之二的瘦肉，三分之一的肥肉，那样的肉才有味。

最会吃的人，选择瘦肉的标准又完全不同。他们选择后腿肉上的瘦肉，新化农村叫盐抱老鼠肉。后腿肉是整块整块的瘦肉，而瘦肉的条形不长，都是很短的一坨贴着一坨，每一坨裹着油膜，像盐抱紧的老鼠。农民选择后腿肉边沿的瘦肉，并且找那种呈拳头状的地方。这种瘦肉条形短小，紧缩成橄榄球状，连在上面的肥肉成泡泡状，这是瘦肉的阳面；连在上面的肥肉成网膜状，可以被撕开，这是瘦肉的阴面。农民取瘦肉的阳面，在割肉的时候，给瘦肉割一两厘米厚度的肥肉贴着。

这种瘦肉，先切成大拇指大小的条，再切成小指头大小的片，每片都带点肥肉。农村的家庭，他们炒菜的时候，炒肉不要先放油，瘦肉也不会粘锅。洗干净菜锅，烧干锅里的水分，倒入瘦肉，一翻炒，肥肉上的油脂就出来了。再继续炒几滚，放点水就是非常鲜美的瘦肉汤。把切好的豆皮放到锅里，一煮开汤，就是瘦肉汤焖豆皮。

这种精致的瘦肉汤焖豆皮，豆皮既有瘦肉的鲜美，又有豆子的清香，还非常滑爽，又不油腻；肉汤喝起来非常鲜美、清淡，不油腻。最大的特色是瘦肉吃起来很脆，能够咬出响声，咯嘣咯嘣；那点点肥肉，反倒鲜嫩无比，增加了瘦肉的滑爽。

我很喜欢吃这种瘦肉汤焖豆皮，一般只有杀年猪的这天才能够吃上一次。

杀年猪，家庭主妇必须用刚杀的猪肉做午餐中的几道菜。瘦肉汤焖豆皮的瘦肉是带着温度的新鲜猪肉，手指摸上去还有黏性。从割肉到切片到炒熟，整个过程也就十多分钟，瘦肉的细胞还处于一种鲜活的状态。按我们的说法，就是瘦肉的细胞还是活着的，当然吃起来味道就鲜美得多。

在农村做的酒宴，也有一道肉汤焖豆皮。它的烹饪方式就是按着腊月杀年猪时做的瘦肉汤焖豆皮的方式制作的，采用的也是新鲜肉。农村办喜事，都是当天自家杀猪，所以做出来的肉汤焖豆皮很鲜美，一上桌就被哄抢一空。

瘦肉汤焖豆皮这道菜，我的记忆非常深刻。每次回到故乡，我就会想到那可爱的豆皮，想吃瘦肉汤焖豆皮，解解馋。

田野的米花泡

田野的快乐与自由

只要听到米花泡爆开的声音，我还是会奋不顾身地跑过去寻找它的下落，直到美美地进入口里。

在20世纪80年代末，在新化圳上一带的农村，农民过年之前都要准备年货，谁家里买了一把豆皮，这就是一道大菜，让邻居羡慕不已。

秋天的田野，已经收割了庄稼，成了我们放牛的牧地。水田成了干燥的泥坯，打过稻谷的稻草和草絮散布在田里，享受着阳光的金辉。气温比较冷，偶尔下霜，牛还是要放出去吃青草。大地虽然金黄，打过稻子的田垄间也可以找到些青草，把牛赶到收割的田里，带着朝露的绿草成了牛的"早餐"，人也可以轻松悠闲于田亩之间。牛对干枯的稻草已经厌倦。田边的地里若种了蔬菜，虽然与田有一段距离，牛却是会找青菜吃的生灵，看到绿油油的青菜，它就会偷偷去"亲"几口，这样，牛还是需要人去看管。我就喜欢在这样的日子里放牛。放眼金黄的秋天里夹着些绿意，霜花也慢慢融化，阳光照在身上有些暖意。这一切，有着诗意和情调。让我记忆更深的是带着火柴的日子，可以烧米花泡吃。在田里烧米花泡，首先需要稻谷，并不需要很多的稻子，只要找些遗落的稻穗，就为烧米花泡提供了绝好的材料。在田里找稻穗很简单，稻谷熟了，在收割的时候，有的稻穗断了掉在地上，有的在收割时被田垄上的草给割断，落在田垄上。稻穗金黄色，很容易识出。在田垄边慢慢转悠，就有稻穗静静地躺在那里，等待你的拾起。

烧米花泡的稻谷不要太干，谷粒上湿点，在火里烧就不会被烧毁。稻穗上的谷子太多也不好，谷子挤在一起，爆裂的时候响在一起，多了很难找，一下就会被火烧掉。

烧米花泡还要草絮，就是打稻谷时被打谷机打碎的禾叶。草絮在取谷子时被农民抖出来，丢在田里，几天太阳就晒干了。正好草絮里也有谷子，多是扁谷，却爆不出米花泡，就是爆了，也是黄焦的米粒上有着很多条纹，有时还要剥去谷壳。只有那壮（饱满）谷子才可以爆米花泡，烧出来的米花泡又大又白，像朵洁白的花骨朵。

田里的草絮一堆又一堆，被太阳晒干了水分，晚上上点霜，里面的草絮还是干的。扒开表层，点上火，火苗带着青烟，等上面的草絮烧掉，剩下草絮的炭心，噼噼啪啪的声音响起，一粒又一粒的米花泡跳出来。人可以围着火堆捡米花泡，米花泡洁白，如果把手伸到烧过的碳上，手指染黑，米花泡也带着墨色，吃过几个米花泡，嘴就会染成乌色，打下"偷吃"的烙印。但是，只要听到米花泡爆开的声音，我还是会奋不顾身地跑过去寻找它的下落，直到美美地进入口里。如果是整串的稻穗，等到火苗渐渐熄灭，再把稻穗分成一小枝一小枝，扔进火堆里，找根棍子搅动炭火，谷粒就会慢慢爆响，一粒接一粒的，很有节奏和快感。用棍子搅动，谷粒就下落，集中到底层，最后会烧焦或者烧毁。

每个放牛的早上，只要有一堆草絮和几穗稻谷，就够我忙一个早晨，也让我找到田野的快乐和自由，那就是米花泡的世界。

就着泥土煨花生
香味浓烈的扛饿美食

煨花生最好的办法是把花生煨在热灰里，这样的花生香味浓烈，吃起来水分少，熟得均匀，也不黑嘴唇。

煨花生虽然不是正式的大餐和佳肴，却很有情趣，让我惦记和回味。我虽然离开农村快二十年，想起煨花生的事情，还是蛮怀念的。

生活在农村，放牛、砍柴或者打猎的时候都会遇到到了饭点的时候吃不上饭，只能挨饿的情况。在农村，农民有很多的方法来解决饥饿的问题。他们或者在山野里采摘野果子充饥，或者想其他办法寻找地里的农作物或者粮食来扛饿。农村到了七八月间，农民上山干活，很少再带干粮或者米饭。这个时节，对于农村来说是个收获的季节。地里有的是粮食，黄豆、花生、玉米、红薯等先后成熟，山上的野果也长成，有猕猴桃、八月瓜等。

农民出门，必须带好几样东西。一是火柴，用来生火、取暖用；二是柴刀，用来砍路、采摘和抵抗野兽；三是锄头，用来挖路和挖食物；四是背篓，用来装果实。只有这些东西带上，他们才会放心进山。农民在山里生活，极其简单，如果在收获季节，他们在山里饿了，附近没有自家的地，可以到别人地里去摘取点果实充饥，也是没有人骂娘的。这些地里的粮食，只要你不是拿去糟蹋，无论是自家的还是别人家的，为了饱肚子都没有什么问题。

农民每天要生火做饭，多用火柴。农村每家每户都有火柴，喜欢抽烟的农民，他们喜欢带盒火柴在身上，一有空闲或者歇歇脚，就坐下来抽袋烟。这盒火柴，在农村能够发挥很大的作用，特别是上山种地、打猎的人，他们都可以用得着。天气寒冷可以找些柴火，用火柴点燃，烧堆火暖暖身体。饿了可以就着火堆煨花生、玉米、红薯等食物，吃点热的东西，饥饿就消除了，体力也可以继续维持一阵子。

小时候，我生活在农村，有过多次煨花生的经验。

生活在大山的深处，虽然开门见山，在大山的环抱中生长，也有些地方被人为的刀耕火种开垦，成为可以耕种的土地。那些农民耕种的土地，每家分成一小块一小块的，种黄豆、花生、玉米、红薯等农作物的都有，在成熟的季节，这些农作物的成熟时间不同，收获的时间不一样，进山的人们就不愁没吃的。到了农历七月份，等黄豆收获之后，红薯藤翻过了，玉米和花生开始成熟。上山砍柴或者放牛的人们就会扯花生煨了来止饿。

上山的人，到下午三四点钟的时候，饥饿一阵一阵地袭来，他们就扛不住了。那些挑一担上百斤的砍柴人，重担压着，实在是挑不动了。他只好放下来歇一歇脚，休息一下，寻点东西来补充体力。这时候，花生是最好的充饥食物。农村的人喜欢吃花生，无论生的熟的都行。上了年纪的人，虽然习惯了茹毛饮血的农村生活，还是希望能够吃到熟的花生。

大山里的柴火什物多，随便在小路边用柴刀勾一勾，就可以捞到大把大把的干柴，再砍几根杂木就可以烧一堆大火。农民把干柴垫在底下，用火柴很易点燃，在上面烧些干树枝，再加些湿杂木，等杂木烧着了，再把扯来的花生连苗带花生放进火堆里，就是煨花生。有经验的农民，不会直接把扯来的花生丢在火堆里。他们用棍子拨开火星和柴火，把花生一把一把地放在坑里，再用火星盖起来。煨七八分钟，花生就煨熟了。把花生苗提起来，有一部分花生还在苗上，有一部分花生的针被火星烧断，掉到灰里，需要用棍子拨灰，寻找那些烧熟的花生。会煨花生的农民，他们一般不直接煨在火星里，这样容易把花生的针烧断，也容易把花生壳烧成炭。煨花生最好的办法是把花生煨在热灰里，这样的花生香味浓烈，吃起来水分少，熟得均匀，也不黑嘴唇。

小时候，我常去放牛。遇上秋雨连绵的天气，山里很冷，坐在山谷里不生火，还真的挺不住。我们放牛常常是三五成群，几个人坐在一起，就会烧一堆火，再各自搬块石头坐在边上烤火。这样，我们可以烤两三个小时，火堆下的沙土都会被烧成灰红色，火堆底下的那层火星，氧化之后慢慢变成白灰，但是中间的有热度，可以煨东西吃。

到了下午一两点钟，放牛娃里年纪大点的就指使那些年纪小的到附近的地里去扯花生。小孩就会每人扯一大把，少则三五蔸，多则十几蔸，甚至有的扯一捆。地里扯开一个竹盘宽，就会遭到这块地的主人骂娘。有些聪明的小孩，他不会在一个地方扯掉一块，让别人看得出；他就东扯一蔸西扯一蔸，看起来不明显。他们把花生抱回来，年纪大点的就把火堆拨开，刮掉热灰上的一层火星，在灰堆里挖个坑，把花生连苗煨在热灰里。这样煨熟的花生，剥开花生壳以后还冒热气，那股湿香味飘荡而来，咬开花生皮，往往有点水气，花生米很甜，两瓣自然分开，又带粉。吃这种煨花生，吃一顿之后，一般嘴巴上一层灰，苍白色，手变得墨黑。我们就要去寻找溪水，把手和嘴巴洗干净。

另外一种煨花生的情况是自家地里扯花生，有的时候本来打算只扯到中午就可以扯完或者准备中午回家吃了饭再来扯的，可是到了中午还没有扯完或者剩下的不多了，回去一趟再来耽误时间，不回去又没有带饭，还要一两个小时才能扯完，不吃点东西又饿肚子，只好煨花生吃来扛饿。

那些山地周边就是树林，很容易找到柴草。大人往往打发一个孩子到林地边沿去捡柴，他们用柴刀横勾竖勾，捞把干杉树叶或者松树叶，抱到土地的中央，点一把火。再堆上些柴火或者晒干的花生苗，烧一堆火星出来。把花生连苗煨在热灰里，几分钟之后，大家就可以吃煨花生了。一家人围着这个火堆，边拨火堆边寻找热灰里煨熟的花生。大家你一个我一个地抢着吃，每人吃得上两三捧花生，就可以了。再喝两口水，他们又继续干活，扯完整块地的花生再回家。

煨花生虽然不是正式的大餐和佳肴，却很有情趣，让我惦记和回味。我虽然离开农村快二十年，想起煨花生的事情，还是蛮怀念的。后来，我也用晒干的花生煨着吃过，却没有从土里扯出来就着泥巴煨的花生好吃。

豇豆子煮管粉

新化农村的私房菜肴

豇豆子不仅光滑，还有粉质，能够刺激舌尖的味蕾，让管粉在口腔有流动的感觉。汤汁甘甜，有余味和豆香，吃了让人回味。

缸豆子煮管粉真的这么好吃吗？我不敢说非常好吃，也不敢保证符合任何人的口味，但是只要是新化人或者在新化生活过三五年的人，他们对缸豆子煮管粉有着特殊的记忆和爱好。

在新化农村，寒冬腊月或者春节年席上会出现一道极其私房化的菜肴，就是缸豆子煮管粉。而很多新化人把这个名字写成光豆子煮管粉、光豆子煮广粉或者饭豆子煮管粉、饭豆子煮广粉等。无论大家怎么写，新化农村也都知道是指这道菜。也有人认为新化的缸豆子煮管粉，大家只知其物而不知其名，所以常是音同字不同。

在新化农村，缸豆子煮管粉这道菜一上桌，往往会给宴席带来一个小小的高潮。开始，大家还很斯文地吃这道菜，只是那些吃过和喜欢这道菜的人不停把筷子伸到菜碗里去夹菜而已。最先受到攻击的是菜碗里的管粉，有的人怕管粉掉在餐桌上，把自己吃饭的碗放到菜碗边上，夹满大半碗就会撤退自己的饭碗，也有人喜欢吃缸豆子的，就用公筷把缸豆子拨到菜碗边，再拨到自己碗里。

等菜碗里的缸豆子和管粉只有三分之二的时候，大家的斯文就渐渐少了，那种穷呷恶呷的习性就暴露出来了。有人开始拿来勺子，给自己碗里舀缸豆子和管粉。如果不是看到酒席上这么多的人群和场面，外地人有可能会怀疑，这是回到上世纪七八十年代的时候，家里孩子多，他们在抢东西吃。等菜碗里的缸豆子和管粉只有三分之一的时候，大家的斯文根本没有了，大家都站起来，相互抢着勺子给自己的饭碗里舀缸豆子和管粉，或者三五把勺子在菜碗里打架。大家也不再是只舀半碗或者三分之二碗，只要自己的饭碗能够装得下，就尽量装满，多装一些。

这里也许有些人要问，缸豆子煮管粉真的这么好吃吗？我不敢说非常好吃，也不敢保证符合任何人的口味，但是只要是新化人或者在新化生活过三五年的人，他们对缸豆子煮管粉有着特殊的记忆和爱好，他们的生活里离不开缸豆子和管粉这两样东西。那么，他们就会认为缸豆子与管粉搭配是天下第一等的美味了，也是他们这一生中绝不会放弃的食物之一。他们遇到了能够吃美味的机会，那是绝对不会放弃的，还会尽可能多吃多占。

缸豆子在新化农村叫作杂记缸、榨几缸，《新化县志》把它定位为小豆，"俗称饭豆，种皮颜色不一。清代至民国时期，山区多种植，以籽粒煮熟加油盐当菜吃。新中国建立后仍有少量种植。1963年种2891亩，产量100.6吨。现已不多"。

饭豆又叫做米豆、蔓豆、竹豆、精米豆和爬山豆等。起源于喜马拉雅山到斯里兰卡的热带地区，后来沿着丝绸之路进入中国，并且在中国南方生存下来。饭豆现在分布在亚洲东部和南部，主产中国、泰国、缅甸等。饭豆多种植于热带和亚热带的低海拔地区，耐高温，较抗旱，不耐涝，不耐寒冷。饭豆是种古老的民间药材，其药用价值在我国两千多年前的古医书中有记载。据《中药大词典》载："红饭豆种子性平、味甘酸、无毒，入心、小肠经。有利水、除湿和排血脓，消肿解毒的功效。对治疗水肿、脚气、黄疸、便血、痈肿等病有明显的疗效，作药材比小豆要好。"

新化农村的农民喜欢把缸豆子种在山区的坡地上，缸豆的苗长到膝盖高，就会抽丝成藤，顺着坡地往上爬，一排一排的缸豆苗连接起来，绿绿青青地铺满一地。五六月间，缸豆苗就会开花结荚，那豆荚不会藏在苗和叶子里，一个一个豆荚都竖起来，伸出叶子之外。豆荚一般为暗红色和青绿色，暗红色的豆荚转变为暗黑色，就说明缸豆子完全成熟，可以采摘收获了。

新化人种的缸豆子并非纯种纯色缸豆，有红白两种混合在一起的情况。如果要区分，也是可以根据豆荚的颜色来分别的。结的豆荚为暗红色，豆子浅暗红色，芽胚为白眼，即赤小豆；结的豆荚为绿色，豆子为白色，芽胚为黑眼，即白小豆。我记得，当年我们家种的多为暗红色的赤小豆，可以做豆沙。但是，农村很少用来做豆沙，而是直接用来煮饭或做菜。在新化农村，如果大面积种植缸豆子的，特别是用平土种植，多为白小豆，产量高，收获期长，需求的人多。

在20世纪70年代末80年代初，新化农民还处在饥寒交迫的时候，他们最大的需求就是解决温饱，除了种植水稻、玉米、小米、红薯等主粮和杂粮之外，农民还喜欢种一种农作物，那就是缸豆子。特别是那些田坎和田边的小坡地，种满了缸豆子。因为新化农民不是把它作为豆类，而是把它作为饭类来食用，所以很多人把它叫饭豆子。在农村也有大人骂小孩饭坨粳，很多人以为这句话是骂小孩是剩饭坨粳，其实是骂小孩是缸豆子，表面洁白光滑，聪明伶俐，实际上不顶用，只能用来煮饭抵饥挨饿。

直到进入21世纪，新化农村才慢慢减少缸豆子的种植，把这种产量低，收获时间长，又极其辛苦的农作物淘汰。那些念旧的老人，还是喜欢一年种一小块，留给自家吃或者给子女们准备着。

我小时候也曾参与过种植缸豆子，在白栗坡的田边种了一块地，地不大，也就三四分地，极不规范，从20°到70°的坡地都有。缸豆子的种植时间比黄豆要晚，农民喜欢把缸豆子和绿豆同时种。缸豆子和绿豆的种植时间和收获时间差不多，它们的收获方式也相似。种植在一块地或者相邻的土地上。缸豆子最好是种在坡地上，土壤为砂性流沙土壤，海拔在500~800米之间最好，坡度在45°~60°之间比较好。土地太平，土壤容易板结，或者容易水涝，缸豆子就只长苗，苗很茂盛，藤长很长，却不结豆荚或者很少结豆荚。坡度太大，土壤的肥力容易流失，又不经旱，缸豆子的苗就长得很浅，枝叶不茂盛，结的豆荚短，缸豆子的颗粒也小。收获缸豆子时，采摘有些特殊的要求。豆荚成熟之后，采摘要在太阳晒到之前，露水还没有干的时候开始，这样就不会把豆荚捏裂，豆荚爆开。采摘豆荚的农民，他们习惯背一个背篓。一般是顺着坡地往上走，一垄一垄地采摘。农民看到身边的豆荚成熟了，那豆荚呈深黑色或者深暗红色，比青绿色和鲜暗红色的颜色要深，形体要小，这种干豆荚就是完全成熟的缸豆子的豆荚。用右手拇指与食指掐住豆荚与豆苗的连接处，折断摘下来。右手摘满一把豆荚，装在背篓里，码得整整齐齐。摘满一背篓，就转移到其他的容器里，带回家，散放在竹盘里或者晒毡里，就着夏日的太阳暴晒一个上午，干豆荚晒得更干，豆荚就会自动裂开，缸豆子就从豆荚里滚出来，落在竹盘里。就是还有部分豆荚没有完全晒干，只要挑选一下，再捏开豆荚就是，很少用竹竿去敲打豆荚的。

新化荣华乡是民主革命先驱陈天华、无产阶级革命家成仿吾的故里，老红军方荣华牺牲的地方。它地处资水下流，连安化临溆浦，位于新化西北部、大熊山东麓，东与白溪镇毗邻，西与安化坪口镇、古楼乡接壤，南与琅塘镇隔河相望，北与安化将军乡搭界，辖三十个村。荣华乡位置特殊，南有资水相隔，北有高山相阻，东有峻岭相挡，西有鹊桥溪出口，注入资水。一条宽不足一里，长却有四十里的山冲冲，过去曾称为乐安冲，有民谣佐证："乐安冲，乐安冲，柴方水便米不舂。"从外界看是一条自给自活的封闭式的山冲冲，地势落差大，物种丰富。

新化从唐代的渠江薄片蒸青茶、明代洪武的贡芽茶、嘉靖的土贡芽茶、明末的老青茶和清代咸丰的红茶等，一直都是新化的一大特产和外运货物，必须通过资江运往外界。资江七十二滩，新化有五十三滩。荣华乡是新化资江段最末端，大部分新化茶叶要走水路运出去，必须先集结到荣华，再通过资江运出去。

资江上游的无数船帮、排帮、茶商、茶农聚集到荣华，等待自己的茶叶到来。资江上游两岸的茶叶和土产通过船只、竹木排、脚力运抵荣华。这些茶商、船帮、排帮、茶农、脚力来到荣华，往往路上的时间要比想象的时间长，他们携带的粮食或干粮几乎吃光，最多剩下一点预备食物，就是还没有煮的缸豆子。缸豆子也所剩无几，或光剩一点豆子，他们就叫它光豆子。这些人为了饱肚子，把豆子煮熟当饭，就成了饭豆子。

荣华属于山区，出产红薯。红薯在霜降后收获，农民把它挖回来，为了储存和方便以后食用，需要把红薯斩成红薯米，把它晒干入仓。在第二年粮食短缺的时候，可把红薯米与大米、小米、麦子等一起煮着吃，也可以把光红薯米煮着吃。在斩红薯的时候，红薯的淀粉比较多。农民习惯把斩好的红薯米用清水冲洗一下，洗掉红薯米上的淀粉，再去晒红薯米。洗红薯米的水经过一天的沉淀和凝结，在大盆的底部有一层薄薄的白淀粉，倒掉表面的水，把它们从盆底刮下来，晒干就成为白色粉末，这就是红薯淀粉。

新化农村把红薯淀粉叫坨粉，主要用来做坨粉粑和线粉。做线粉有专门的线粉师傅，他把坨粉加水和明矾搅拌成很黏稠的灰白色泥团。再把泥团填在一个打了无数个小孔的瓜瓢里，用拳头挤压泥团，挤出一根一根的线粉坯。线粉坯先经过大开水锅，让它烫煮，至线粉坯七成熟，成暗白银色。再让煮熟的线粉坯过凉水，线粉坯会紧缩变小。再剪成两尺来长的段，挂到室外架好的竹竿上，在竹竿下的地上垫好报纸或者晒毡，防止线粉坯掉落。

经过一个晚上的霜冻，就会把线粉坯冻透或者冻结，线粉缩得更加小。瓜瓢里挤出来的线粉坯有筷子那么粗，经过凉水和霜冻之后，只有毛线粗细。连续下两三个晚上的霜，线粉就完全冻透，也基本晒干。农民把一把一把的线粉从竹竿上拿下来，放在大竹盘里或者晒毡里暴晒，晒一两天就很干，可以入仓收藏。经过霜冻的线粉，煮透之后，非常有韧劲，没有裂纹，晶莹剔透，看上去像晒透的晚稻禾苗。农村把晒干的禾苗叫做管，所以农民也把霜冻了的线粉叫管粉。因为煮熟后做成菜很光滑爽口，又叫它光粉。

年关临近，新化县城和乡镇的大街小巷就会冒出一些挑着簸箕的农民，簸箕里的管粉长长的，粗粗的，看上去品相极不好，但是人们却抢着买。因为大家知道，只有买回了管粉，春节做菜就轻松，脾胃也轻松。袁委淑还说："春节以管粉既当菜又当饭，本来就是我们新化人的老传统，别人家怎样我不管，我可是将这老传统一直坚持了下来。吃了满满的一大碗粉条，肚子就饱了。最要紧的是，几个饱嗝上来，还是满嘴的醇香。"

聚集到荣华的客人，要把茶叶卖掉或者转到大的货船上，需要时间来等待。他们在闲着的时间里，为了节省开支，多拿自己携带没有吃完的饭豆子与荣华便宜的管粉煮在一起，既当饭也当菜吃。他们把这两种食材煮在一起，觉得是一种绝味，就是没有油盐，他们也可以吃三碗。吃了还很饱肚子，又很抗饿。有些家里经济情况稍微好点的，就割块便宜的肥肉或者带点瘦肉的五花肉放在缸豆子和管粉里，把它们一起煮，这样油水足，增加了缸豆子的粉腻程度和管粉的光滑程度，吃起来甘甜美味，顺滑爽口。吃了一碗还想再吃一碗。渐渐的，这种做法传播到整个新化和资江上游，成为一种特殊的缸豆子煮管粉的吃法，让新化人放不下。

近几年，新化的旅游开发起到一定的作用，外地人到新化旅游的越来越多，新化的酒店餐饮业也迅速发展起来。一些有抱负有理想的餐饮人士着手挖掘新化的地方饮食文化，经营海天大酒店的袁俊林等，把新化土菜引入酒店，进行改良，端上餐桌。袁俊林先生把缸豆子煮管粉引进到海天大酒店，取名饭豆子煮管粉。对缸豆子煮管粉从两方面进行改良，一是把肥肉改为五花肉，切成两指宽的薄片，稍微炒一下；二是缸豆子的煮法进行改良，用普通平锅煮缸豆子，很难让缸豆子煮爆，他用高压锅煮到冒气过三五分钟就关火，缸豆子自然拦腰爆开，豆子里的粉质凸出。缸豆子煮管粉经过袁俊林的改良，味道完全不同。缸豆子煮管粉曾经有肥肉的油腻，现在用炒过的五花肉代替，不再油腻，却更加香醇，缸豆子和管粉也不缺油水。管粉曾经只有滑爽，现在增加了柔软。缸豆子不仅光滑，还有粉质，能够刺激舌尖的味蕾，让管粉在口腔有流动的感觉。汤汁甘甜，有余味和豆香，吃了让人回味。

回到味觉新化

品尝童年美食

吃着这些童年的美食，我又回到了新化这个故乡，在味觉里徜徉。

旅居长沙十年，新化的味道几乎忘记，偶尔思念父母，才会想起一些菜来。吃过新化人家的菜，才让我慢慢回忆起当初的贪吃和美食的丰富。

　　新化是古老的梅山之地，承袭蚩尤之习，在宋代才得以汉化、归顺，很多饮食却追求原始的天然和茹毛饮血，在湘菜里独树一帜。在我的记忆里，常被人提到的是三合汤、白溪豆腐、水车糍粑、糯米辣椒、神仙菜、雷打鸭、三黄鸡、干牛肉、干田鱼。

　　到新化人家，就让我回忆起在新化生长的十九个春秋，在那童年的岁月中，屋前屋后都是菜地，种满了辣椒、魔芋、黄豆、花生，山坳里，就是我们赖以生存的水田，田里满满关了一丘水，春汛一来，田里的水又慢慢涨高。我们小孩花一块钱买上千鱼苗放在田塘里，再插上中稻，田埂上种上穄子、黄豆、玉米，早晚牵着牛羊在田埂上巡视，看着作物的疯长，牛羊吃着田埂边的青草，漫过青春岁月。五个月后，晚中稻熟了、黄豆熟了、穄子熟了、糯米熟了、辣椒红了，农民收割完粮食，开始收拾附加产值。鱼儿吃着溪水和青草，长到半斤八两，就被农民带着喜悦收拾上岸，加盐烤干，做成冬天菜品。冬季，家家户户准备年货，妇女在家磨豆腐、魔芋，男人们宰猪杀牛、杀鸡杀鸭。

　　新化人家，搬来了古老的石磨，做童年的石磨豆腐，也让我感受家乡的风貌。石磨，是每户新化山民屋檐下的景致，展示着那家的家史和富有。白溪、圳上两镇，山泉和井水非常甘甜，磨出的豆腐细嫩柔软，人人爱吃。富有人家把水豆腐做成油豆腐、霉豆腐、煨豆腐，来表示女人的勤劳和持家，豆腐要吃到第二年秋天。

　　新化人家的代表菜，有穄子粑蒸鸡、魔芋炖鸭、三合汤、田鱼、煎豆腐、神仙菜、糯米辣椒、干牛肉。新化人非常讲究：穄子粑蒸鸡要用当年新穄子，去皮磨粉或整粒掺三分之一的糯米粉揉成丸子，铺一层于碗底，上盖切块的鸡肉，蒸至香味飘逸开锅。魔芋条由生魔芋洗净，加石灰水磨烂成糊糊，煮熟用冷水浸泡，霜雪冰冻，炒菜时切薄片煮去碱水，嚼时才韧性强劲。炖鸭时要水开加魔芋条、辣椒、山胡椒油，久煮为佳。三合汤分三合汤、二合汤、一合汤，汤要用黄牛血、黄牛百叶、水牛肉加山胡椒油、酸辣椒煮开而成，汤带酸辣味，也可以按食者口味，选牛百叶、牛肉。田鱼吃禾苗长大，有一股天然的稻米香，干鱼加水煮熟即可，越煮越香，也越入有味，吃时甘甜，弹韧劲强。豆腐用黄豆加石膏磨成的南豆腐，有祛火清心的作用。沥干水分，两面煎黄，加新鲜猪肉煮。神仙菜产于大熊山海拔1600米云雾缭绕的大山里，传说八担米山有神仙，这就是神仙吃的菜。又传说乾隆下江南到此，吃过这种野菜，老百姓称其为皇帝菜。前些年，日本学者发现其有很好的抗癌作用，它就成了一种珍贵的黄金菜。糯米辣椒是蚩尤苗的老菜，糯米粉加盐，灌入辣椒中，在坛子里腌一段时间，等成味再蒸熟或油炸。干牛肉是新化山区的黄牛肉，冬季腊干，农忙时炒红干辣椒，非常辣，主要用于下饭。吃着这些童年的美食，我又回到了新化这个故乡，在味觉里徜徉。

一口冷菜

年少不知父爱如山

父亲坚持吃母亲做的冷菜，其实是种爱的表现，在赞美母亲的厨艺。

> 冷菜并不好吃。父亲坚持吃母亲做的冷菜，其实是种爱的表现，在赞美母亲的厨艺。我突然明白，父亲的胃病是常年吃冷菜的结果。

夫妻之间，对于爱的表达，已经超越了情侣的语言和亲昵，多用一些习惯的小动作和独特的行为方式来表示，我的父母就是一例。

小时候，我无法理解父亲的一个习惯。父亲每天做手艺回家，进家的第一件事是把主家给他的零碎食物搜刮出来，交给母亲分配给我们四姐弟。接下来的第二件事，父亲一个人走进厨房，寻找我们吃剩的冷菜，再吃几口。每次都吃得津津有味，好像尝到人间美味。

我小时候生活在乡下，每天的菜蔬无非是萝卜白菜之类，我并没觉得有什么好吃之处，到父亲的嘴里却这么香甜可口，很难理解。

父亲的手艺是弹棉花，给人家做棉被，邻居叫他弹匠师傅。农村有规矩，凡是请工匠，主家每餐必须有肉菜招呼工匠。我想，父亲每天可以吃到肉，为什么回家还要寻找蔬菜吃呢？母亲给我的解释是工匠是客人，做手艺不能贪吃。母亲就给我讲做客人的礼节，吃菜只夹自己面前的菜，不能在菜碗里翻，更不能夹别人面前的菜。肉菜只能点到为止，一般一餐吃一块，最多吃三两块；其他菜蔬，也是适可而止，下饭即可。我对这些礼节，倒信以为真，一直严格遵守。

父亲常年做工匠，不懂厨艺，也不下厨。记得小时候，母亲回娘家看望外公，在外公家住了一晚。父亲不会做饭菜，大姐煮好饭，等到晚上七八点，母亲还没回家，父亲给我们四姐弟炒了一个腌菜，菜炒煳不说，没油没盐，味道怪怪的，我们四姐弟都不吃饭。第二天，母亲回家，父亲发了一通脾气。以后，母亲回娘家，每次都当天回家。

我们姐弟渐渐长大，熟悉了父亲吃冷菜的习惯。很多时候，我们姐弟吃到好菜，都要给父亲留菜，等他回来吃。我们家也养成了一个习惯，不管吃什么菜，没吃完的坚决不倒掉，把剩菜装成小碗，收进厨房，等父亲晚上回家来吃。这样的习惯，一直延续到现在。

我进城工作后，母亲来电话，突然告诉我父亲犯了胃病，病得很严重，紧急送往长沙。我正在长沙，陪父亲到湘雅医院做了检查，专家诊断，父亲患浅表性胃炎。在准确诊断后，经过一段时间的治疗，父亲的胃病有所好转。从事医务工作的妻子告诉父亲，要他注意饮食，不能碰酸冷食物和烟酒。从这以后，我一直思索父亲的病因。

我在家里，常常由我主厨，操持家宴。妻子的工作比较稳定，遇下班时间来了病人，她总会诊断完病人，才肯下班。有时候，妻子要晚个把小时回家，赶到家，错过了吃晚饭的时间，我往往要她在单位吃了晚饭再回家，这样就不会饿肚子。回家后，妻子还会吃一餐，多是吃菜，我就会给她去热菜。有的时候，妻子见我很累，就吃凉的，还要夸奖我的菜做得好。

我的生活习惯很有规律，极少加餐，也不吃冷食。所以，吃冷菜的感觉，我根本无法体会。

有一段时间，妻子回娘家休假。我忙于工作，每天在家吃顿饭，吃剩的菜放在冰箱里。有天晚上，我工作到十一点多，觉得喉咙痒痒的，想吃点冷东西。到冰箱里一找，只有一盘煎豆腐，我吃了几块，开始觉得舒服。当我准备把剩下的几块豆腐全部吃完时，身子打了个寒颤，一股冷意袭击全身，我就放下了。

我才知道，冷菜并不好吃。父亲坚持吃母亲做的冷菜，其实是种爱的表现，在赞美母亲的厨艺。我突然明白，父亲的胃病是常年吃冷菜的结果。

父亲指间的 那支烟
何以离苦得乐

父亲抽著这种香烟，虽然没有多少烟味，却给嘴巴上增加了一种『享受』的东西，好像忘记了自己的辛苦。

父亲是一个完全的烟民，一辈子被烟酒所困扰。他没有规劝过我们兄弟去戒烟，让这烟缘自生自灭。我很小就学会了抽烟，而且是在父亲的鼓励之下学会的。

父亲抽烟是与他学手艺一起学来的。那时的他才十四岁，给一个弹棉花匠当学徒。那个戴着棉帽的弹匠师傅就是我的师爷，父亲跟着师爷串东家走西家，周游方圆百里，到处打听着弹棉被的事情来赚碗饭吃。在那个刚解放不久的中国，农村的物质条件还比较贫乏。农民渴望有一床新的印花棉被，要师傅弹棉被，当然是想越牢固越好。主人就会好肉好酒好烟款待匠人，给他家弹床结实的棉被，弹匠受到嘉宾之礼。弹棉花的时候是不能抽烟的，父亲在饭后或歇脚的时候试一口，那是用旱烟卷的喇叭筒。

20世纪80年代末，农民手头的钱渐渐多了。他们都忙着置家业，大家都寻思着置一两床新棉被。父亲就风光了，远近的人家托信（捎口信）来约日子，或者携酒亲自登门预订佳日。主人少不了好酒好肉的款待，还要奉上一包两毛二的"香零山"或"岳麓山"纸烟，父亲就装模作样地"熏"起烟来，那样子很"土气"，烟夹在左手的食指与中指的第二节上。那烟没过滤嘴，他怕浪费，烟口齐指面，每抽一口，就用嘴去亲一下手指，吸得"吧嗒"一声。父亲一天才抽几根，剩余的烟交给母亲。母亲微笑着接过去那一包包崭新的纸烟，在衣柜里给他辟了一个地方，一包包"码"得整整齐齐的。我当时还只有四五岁，偶尔也偷一包烟出去"尝尝鲜"。一不小心被母亲逮着了，就要暴打一顿，还明令我不准抽烟。大年初一，父亲会给我和弟弟每人发四包烟，也偶尔有两包带过滤嘴的"银象"烟。口头上是要我们敬来拜年的长辈的，但是我大都占为己有。

20世纪90年代初，农村的温饱问题有一半以上人家解决了。有点钱的年轻人开始摆起"阔气"来，抽烟也要过滤嘴。当时最流行的是"银象""909""红豆"等香烟，也偶尔能看见个别抽"长沙"烟的。我也进入初中读书，对烟已经兴趣淡了，把注意力转移到了小说上。大部分人家嫁女要弹棉被，相互之间又攀比，哪家嫁女有多少多少件家具，有多少多少床被子。大家都要为自己的脸上抹光，一做就是十天半个月的，父亲便更忙了。一年从阴历七月做到第二年三四月，一般要定日期。大家供的烟越来越好了，都是有过滤嘴的，父亲不再抽得"吧嗒吧嗒"响了。每抽一口都是深呼吸，抽完一口也懒得用手拿，就咬在牙齿间。抽完一支烟，烟蒂就被他咬扁了。父亲每次回家，给我们果品，钱就给了母亲。父亲掏完口袋，就到厨房里去找菜吃，把母亲给他留的一碗白菜、南瓜之类的蔬菜吃得精光，再一根接一根地抽烟。母亲劝他，别烧了，呛死人，烧了一根又一根。父亲开始还温驯，后来就说，我抽根烟也要说。母亲就不说了，她知道，父亲只有两大爱好。一是烟酒，虽然花一些钱，但经过了嘴巴，也不算完全浪费；二是五子棋，很难有空闲，找不到合适的对手，一年难得下几回。

1995年以后，要弹棉被的人少了。父亲也清闲了很多，总想找些别的事做做。他与人合伙开了一座矿山，也算赚了点钱。那年冬天，二十岁的大姐出嫁了。我常见大姐回娘家，回来不是一桶白酒就是几包香烟。烟是姐夫、大姐帮人家干喜事赚的，姐夫不抽烟，大姐就带给父亲抽。母亲也常给姐姐一百几十的，还在家里请匠人做这样那样的家具。父亲常念的一句话：要大家好才好。父亲还是那么"悠闲"地抽着纸烟，默默地做他的事情。1999年春天，我放弃学业去沿海打工，摸爬滚打了一段时间，终于从一个普通的员工混到了管理层的组长，担负起整个厂的产品的质量重任，却不通人情世故，无法在明争暗斗中施展手腕，终究在厂里站不住脚，又被父亲召回，送进了学校。我回到湖南，在长沙读所谓的大学（自考），每年要消耗15000元钱。父亲为了筹集这笔巨资，到处奔忙，找亲戚朋友借钱给我交学费。我远在四五百里外的长沙，不知道家中的具体情况，后来才了解到当时的农产品价格下降，农村的手艺越来越被大浪所淘汰。父亲只好"温习"他小时候的编扁篮、砍木材等体力活，年近五旬的父亲，做着超强的体力劳动，赚取微薄的报酬为我交学费。他舍不得用这钱去买包纸烟抽，有时一连几天没抽一支烟。没事的时候，父亲坐在那里像一个木偶似的，成了痴呆儿。母亲看在眼里，痛在心里。她做好中饭，热在灶上，跑三四里山路去村部小商店给父亲买两三包劣质纸烟。父亲抽着纸烟，又"活"起来，母亲要他一天少抽两根，多做两天抽，他也顺了。

母亲常问那些烟民，抽烟到底是什么滋味，他们也讲不出个所以然来。有人告诉母亲，说集市上有种烤烟很方便，烟不呛人，还切好了烟丝，抽时只要自己卷就行，只要三四块钱一斤。母亲听后，特地跑了十几里山路去石家场坪赶了一次集，怕烟丝不好，买了一两斤烤烟叶回来。每天中午，父亲都要卷一片烤烟叶，细细切成丝，再撕几页废书纸，折成两寸见方的烟纸，放在一个洗干净了的盐袋子里，闲时或歇一会儿的时候，掏出来他的烟袋子，卷一个喇叭筒，又"吧嗒吧嗒"地抽起土烟来。不久，石家场坪上有了切烟丝的机器，一斤烤烟叶花上五毛钱，就可以全部切成烟丝了，抽的时候在烟袋子里抓一把，放在烟纸上，卷起来就可以了。平时，父亲抽着这种香烟，虽然没有多少烟味，却给嘴巴上增加了一种"享受"的东西，好像忘记了自己的辛苦。

几年以后，我参加了工作。我为父亲买过精品白沙、宽版白沙，有时把别人送给我的黄色芙蓉王、蓝色芙蓉王积攒在一起，逢年过节带给他。有段时间，我发现小区的商店里有雪茄零售，我特意为父亲买了两盒雪茄，过春节的时候带给父亲。父亲抽着我给他的香烟，总认为很贵，口里说觉得不对味，还是喜欢他的喇叭筒。每天休息的时候，他还是要卷上几个喇叭筒，"吧嗒吧嗒"还是那老模样，也很"土气"，却有几分悠闲。

第四辑

茶酒合欢

云台山茶

探访云台山巅峰秘境

云台山高山天尖茶，茶叶嫩度高，茶汁丰厚，有兰香味，浓郁霸气，有丝丝甘甜，齿颊留香，韵味悠长。

云台山茶的体质很好，内含物丰富，叶体饱满有韧性，条索油亮坚实。云台山人祖祖辈辈种茶、家家户户以茶为生。

安化产茶最早的记载见于唐代史志，宋代建县时茶树已"山崖水畔，不种自生"，境内山清水秀，沟壑纵横，云雾缭绕。元明时期，安化茶树由野生开始转为人工栽培，茶区不断扩大。仙溪、龙溪、大桥、九渡水等地产的茶叶在明代被指定为四保贡茶，六洞茶（火烧洞、思贤洞等）和高马二溪茶（高家溪、马家溪）成为最好的黑茶生产地域。到清代，随着对外茶叶贸易的发展，安化茶叶进入鼎盛时期，茶区更加扩大，黑茶产量之丰为全省之冠，在全国茶叶业亦占有重要地位。

安化有三大茶区，云台红茶区包括烟溪、云台、中砥三个区的平口、连里、烟溪、双龙、古楼、南金、将军、奎溪、木溜、岳溪、马路、苍场、湖南坡、拓溪、唐溪、中砥、文溪、田庄、木子、杨林20个乡及拓溪林场等地。小淹黑茶区包括江南、冷市、小淹、仙溪、梅城五个区的江南、洞市、陈王、小淹、上马、长乐、敷溪、金鸡、羊角、龙塘、三洲、大桥、栗林等15个乡共359个村。芙蓉山红黑绿茶兼产区包括梅城、仙溪、大福、清塘四个区的洢泉、东华、田心、思游、乐安、浮青、仙溪、九龙、长塘、大荣、木孔、新桥、东山、高明、清塘、太平、鱼水等18个乡和芙蓉林场、廖家坪林场等，共391个村。

云台山属马路镇，最高海拔998米，从400米的八角村开始，就有茶叶生长，到800米高处，有片平缓宽阔的台地，面积达9平方公里，气候适宜，植被茂盛，土质肥沃，昼夜温差悬殊，日照时间短，云雾漫射光多，湿度大，形成有利于茶叶生长的环境，特别是云台山村。

云台山风光怡人，喀斯特地貌的自然景观有石林、天坑、峭壁等。山石结构奇特，极致优雅，美得彻底，看上去几乎一步一景。山民热情好客，现在开发成集宗教信仰、茶叶生产、旅游观光、休闲度假为一体茶旅基地。1986年，在仇祖元的倡议下用钢钎锄头修筑一条12公里长的简易公路；2006年，仇祖元倡议发展云台山茶叶生态和旅游观光产业，将原有的4.5米宽的毛山公路扩建到8米；2010年3月，盘山公路全部硬化，硬化宽6米。

我们站在云台山巅峰，浩瀚云海苍莽迷人，美丽山城尽收眼底。闲时闭目养神，茶树的芬芳沁入心脾；心情舒畅时，深情眺望云台山的雄伟气魄，连绵不绝的巍峨青山层峦叠嶂、绿水相依，观景长廊上的云山寺在峰峦翠屏环抱中。巍巍的怪石林形象逼真，历经风雨不朽；悠悠真武寺矗立巅峰之上，饱经沧桑；浩浩云湖烟波荡漾，我们置身其中如坠仙境。

云台山在海拔400～900米的山坡上野生着一种茶叶，相传明末真武寺和尚自己在山中采茶饮用从没生过病，活到102岁。茶叶20世纪50年代被一位日本茶叶专家发现，经化学检验其成分和品质十分优良。此茶经过国家茶叶专家考察对比，有"叶肉肥厚而叶形宽大，叶色深绿而叶质柔软，旁枝发达而健壮挺直，枝叶数多而叶序紧凑"等特点，被列为全国21个优良品种之一，命名为云台山大叶茶，推广到全省乃至全国，楮叶齐、湘波绿、白毫早、碧香早等以此为母本选育。

云台茶芽头肥壮，口感丰富，香气突出，极受人们喜爱。云台茶树属灌木型，一般叶长8～10厘米，叶宽3～4.5厘米。叶片有长椭圆、椭圆或卵圆等多种形状，其中椭圆居多。叶脉8对左右，大多数叶片平展，叶肉肥厚，叶面隆起，叶质较柔软，色绿富光泽。其中有部分大叶类型，以原产地云台山居多，有云台山大叶种之称。种群中芽叶多呈绿、黄绿色，茸毛较多，属中生种。花萼5片，花瓣6～11个，花丝161～219枚，柱头3～4裂，子房有毛，每一茶果种子多为2～3粒，花果多。适应性广，抗逆性强。鲜叶制红茶，汤色红亮，香气、滋味浓厚；在山区生态条件下，制绿茶品质亦佳，也是良好的黑茶原料。

现在整个云台山茶叶产区有大叶、中叶、小叶等，茶树品种很多，产量很大，叶底糯香明显，味道多变，有果香、枣蜜香、药香等，没有高马樟香和芙蓉山澎湃香。云台山茶的体质很好，内含物丰富，叶体饱满有韧性，条索油亮坚实。云台山人祖祖辈辈种茶，家家户户以茶为生。新中国成立之初，建有集体茶场和茶叶加工厂，生产的茶叶卖给供销社，换回粮食、化肥、布匹等农资。改革开放后农村实行经营承包责任制，茶园承包到户，茶叶产品走向市场。20世纪90年代中期茶叶市场疲软，跌入低谷。近年来茶叶市场出现转机，茶叶生产得到恢复和发展。

八角村背倚云台山脉，云雾缭绕，土质肥沃，雨量丰沛，村民素有种茶的习惯。全村222户，800余人，有茶园千余亩，两个茶叶加工厂，年产茶叶千余担。邓超芝见云台茶群体参差不齐、色泽不纯、产量不高，从湖南省茶叶研究所引进发芽整齐、嫩度一致、大小均匀、色泽鲜艳的楮叶齐、福云六号，改造传统茶园300亩，建立以青云观为轴心辐射周边村400亩有机茶基地，改土灶沙锅、家庭作坊为杀青机、揉捻机、成形机等，创办云台春芽有机茶厂，建立摊凉、杀青、冷却、揉捻、理疗、成形、烘干、提香的现代化生产流水线，生产的云台春芽白毫显露，色泽隐翠，内质醇厚，香高味浓，汤色杏绿，叶底嫩匀，投放市场一炮打响，深受消费者的青睐，现在拥有生态有机茶园1200亩。

云台山村常年云雾掩映，犹如人间仙境，总面积12平方公里，共14个村民小组，千余人，自实施打造云上仙境，走茶旅道一体化发展战略道路以来，逐渐向世人散发出靓丽、炫目的光芒。每当云海日出的清晨，那舞动的盘山公路、雄踞山巅的真武古寺及漫山遍野的生态茶园，尽显云台山村灵动、秀美、和谐、文明、生态色彩。2013年，刘波成立了湖南省云上茶叶公司，通过辐射带动36户120人受益，建立有机生态茶园1300余亩，受益开采的茶园有800多亩，年产量2400余担。他计划未来三年新建茶园1000亩，建立无公害茶园，生产无污染茶叶，建成茶叶观光园，带动茶农致富，吸纳更多的云台山村民参与茶叶生产。

云台山高山天尖茶需要进行浅发酵工艺，通过破碎、筛分、发酵、蒸制、机压、烘干、发花等工艺程序精制，茶叶嫩度高，茶汁丰厚，有兰香味，浓郁霸气，丝丝甘甜，齿颊留香，韵味悠长。包装松紧均匀，产生一种冠突散囊菌，俗称金花，金花茂盛，菌香纯正，滋味醇和微甘。汤色澄红明亮，通体透明，叶底细嫩均匀，黑润油亮。喝茶时那股山野之气，令人如置身云台山郁郁林间，采摘茶叶，心旷神怡。

云台山周边还成立了云台茶叶专业合作社，集茶叶苗木培育、茶园基地培管、茶园茶厂旅游观光、茶叶生产加工、茶叶产品营销于一体，主要负责经营云台山的茶叶，把云台山的茶叶销售出去。

保贡松针
世代传承

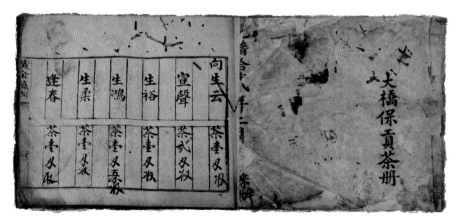

几经历变，安化四保贡茶的制作方法很少有人继承，近于失传，现在只有四保中的大桥保向氏贡茶一脉还有人世代传承。

保贡松针的制作极为精巧，分鲜叶摊放、杀青、揉捻、炒坯、摊凉、整形、干燥、筛拣等八道工序。保贡松针对鲜叶要求极高，采用清明前一芽一叶初展的幼嫩芽叶，并保证没有虫伤叶、紫色叶、雨水叶、露水叶。

元末明初，安化开始生产烘青型绿茶。明代洪武二十四年（1391），朱元璋钦点湖南贡茶140斤，其中安化22斤，由芙蓉山下的仙溪、龙溪、大桥、九渡水等四保制作芽茶来进贡，后称安化四保贡茶。明代嘉靖二十四年（1545）《安化县志》载："杂记云，宋茶法严甚，邑伊溪、中山、资江、东坪产茶，比他乡稍佳。山崖水畔不种而生，人趋其利，奸民乘间唱和啸聚，或至抗巡尉而习不轨。""土产云，茶。"安化黑茶在万历二十三年（1595）定为官茶。

清代嘉庆十六年（1811）《安化县志》载："物产云，至于茶芽为湖南上品，甲于他邑，多产于北路及西北路，之外东南二路，则不产焉。额有贡茶，往例进京奉斋名色，皆当年里递出办。道里殷遥，虽所费浩繁，犹以迟误为虑。自康熙三十三年奉上司差官汇解，小民既已省虑，而方物亦得以及时入贡，民甚便之。又向来有巡抚南贡、总督北贡，嘉庆六年督宪吴免以后，县宪不办不解。""风俗云：山茶等项，虽遇岁欠，产户有资，商贾有利，所谓金木水火土俱齐者也。""山川云：归化乡芙蓉山在县东六十里，高十五里，东西十五里，南北三十里，与大沩山相接，上有寺，山状若芙蓉故名。土人望云雾以占晴雨，此即芙岭朝云也。宋张南轩诗曰：'上头壁立起千寻，下到（列）群峰次第深。兀兀蓝舆自吟咏，白云流水此时心。'邑人李盛诗曰：'遥望芙蓉入画图，巍然东壁赖支吾。几回欲识晴和雨，但看山头雾有无。'上有南轩亭，系宋张南轩游其地创建。僧定浏诗曰：'大宋文章未丧君，湘湖萍浪日昕昕。蓝舆到处成踪迹，一箇闲亭在白云。'""山川云：归化乡仙溪在县北三十里，源出县治西山谷，细流会集，可行小船出入，溪昔王南美隐居于此，成仙故名。"

安化人陶澍在嘉庆二十年(1815)写了四首安化茶的诗，共四十六句，是古今咏安化茶最长的诗，诗中讲到茶的缘由、安化茶采制、安化茶命运和强调安化茶品质、功效和历史地位。《芙蓉江竹枝词》云："才交谷雨见旗枪，安排火坑打包箱，芙蓉山顶多女伴，采得仙茶带雾香。"生动地描述了当时在芙蓉山采制茶叶的景观和技巧，所制的芙蓉青茶列为皇家贡品，也就是安化的四保贡茶。

几经历变，安化四保贡茶的制作方法很少有人继承，近于失传，现在只有四保中的大桥保向氏贡茶一脉还有传承人世代传承。同治十一年（1872）《四保贡茶·序》载："安化旧产茶，岁有贡，志载：向阳山采办，故我前乡附近芙蓉山诸里巷供其役。"光绪十二年（1886）二月采办《大桥保贡茶册》载，有向氏族人向重山、向生云、向宣声、向生裕、向生鸿、向生柔、向逢春、向道虎、向道德、向名重、向治典、向治谟、向道远等人制作贡茶。《向氏族谱》云：向逢春字生刚，为向介夫曾祖父的父亲，而向生柔、向生裕为向逢春的二弟、三弟，一家三兄弟都是做贡茶的。向逢春、向生柔、向生裕即向垂弟常向后人讲起的逢春公、生柔公、生裕公三兄弟，也是向氏贡茶最繁荣最兴盛的时候。

陶澍在道光年间任安徽、江苏巡抚及两江总督时，写了多篇与安化茶叶有关的诗词，他说安化芙蓉山有仙茶，品质极佳，所说的仙茶就是四保贡茶。

咸丰时期，安化工夫红茶在国内外享有盛名，沿资江上起渠江，下至敷溪，沿岸约百公里范围内各埠茶行盛行时多达三百余家。大桥保向氏贡茶家族也开始学习红茶的制作技艺，用自己贡茶园的鲜叶为原料加工，做出来的红茶成为红茶里顶级芙红，并一直流传。为此，在同治七年（1868）九月，安化知县陶燮咸还厘定了红茶章程。"茶叶需照咸丰四年旧章，无论有无灰末，每百斤除净，以七十六斤归数，不准再加折扣。产户挑茶到行，如价格不合，听其另行投行，售卖行户，不得阻卡留难，惟茶叶务须拣净，不准磨尖打末，头细底粗以及掺草潮浸，积弊成病行商。"（同治《安化县志》时事纪）

同治九年（1870）闰十月，安化知县邱育泉厘定大桥、仙溪、龙溪、九渡水采买芽茶章程。"四保贡茶，每岁谷雨节前由县发价，户首承领，赶紧办纳，毋得搁延，致干追责。四保茶税银，每年户首按照钱粮扣明，早完勿得短少，拖欠有误，惟正之供。立户首宜择殷实老成保举充当，轮流扞拨，三年一换，毋得争赖，若误公为私者，立即革除。"（同治《安化县志》时事纪）

同治十年（1871）《安化县志》载："物产货之属云，古无茶名，诗谁谓茶，苦茶，即茶也。陆羽、卢全而后逐易茶为茶，明统志：安化出茶。《潇湘听雨录》：湘中产茶，不一其地，安化售于湘潭，即名湘潭，极为行远。邑土产推此为第一，盖缘芙蓉山有仙茶，故名益著。"1940年，彭先泽《安化黑茶》概论章载："第二区仙溪乡之芙蓉山，虽以往昔政府采用贡茶得名。"第二区的产茶地名记载有仙溪、大桥市、九渡水等地。

1917年，湖南省立茶叶学校在长沙岳麓山成立。1920年迁至安化小淹，更名湖南省茶叶讲习所。1927年迁资水上游黄沙坪。1928年7月，湖南省茶叶讲习所停办，改为湖南省茶事试验场，增设长沙高桥分场，冯绍裘为第一任场长。冯在黄沙坪白泡湾租佃谌高杨祖父的山地20.47公顷着手开荒种茶，备作试验场地，由上海购进蒸茶机、复炒机、炒揉机、揉捻机、干燥机等制茶机械各一台，为安化乃至湖南应用茶叶初制机械的开始。1931年12月，在长沙高桥购地13公顷，由技师杨开智主持工作。1936年，湖南省茶事试验场改为湖南省第三农事试验场。1938年，湖南省农业改进所成立，与第三农事试验场合并更名为安化茶场。1946年，安化茶场转为安化制茶厂，隶属湖南省建设厅。1947年恢复安化茶场，归湖南省农业改进所领导。

1949年8月，湖南宣告和平解放。为了迅速恢复和发展茶叶生产，1949年底中茶公司安化支公司在东坪成立，接管安化茶场，定名为中国茶叶公司湖南省公司安化实验茶场，由中国茶叶公司湖南省公司副经理杨开智兼任场长。茶场在杨开智的领导下迅速步入正轨，恢复生机。1951年4月28日，中国茶叶公司湖南省公司安化实验茶场全场职工及受训学员写信给毛主席报告解放后安化茶区的生活情况，并保证为提高茶叶品质，增加茶叶产量而努力奋斗。不仅如此，安化实验茶场还精制了十斤玉露茶（安化松针的前身）送给毛主席以略表热爱领袖的心情。安化实验茶场的负责人认为送给毛主席的茶应该精益求精，每根茶叶基本上都一样长，粗细一样。而他发现用安化最优质的原料做出来的玉露茶品质更佳，尤其是仙溪保四贡茶贡茶园的原料，香甜醇特点，更能凸显其品质，又有其四保贡茶芽茶的历史底蕴，原料和工艺形成完美结合。1951年第五期《中国茶讯》杂志发表了一篇简讯《湖南安化实验茶场上书毛主席》。

1953年，湖南省农林厅将高桥、君山、安化三个直属茶场明确分工，决定安化茶场以发展科学试验研究为主的工作方针，结合扩大茶园面积，调整充实技术力量，添置图书仪器设备，建立健全规章制度，加强示范与推广，为加快科研步伐，准备条件。1954年8月，安化实验茶场下放安化县办，改为安化县茶场。1958年，安化县茶场更名安化茶叶试验场。年底，安化茶叶试验场场长方永圭接到湖南省农业厅开展庆祝新中国成立十周年各单位献礼、庆祝活动的通知，分派高桥、安化两茶场抓紧研制名茶向国庆献礼。1959年初，在场长方永圭、技师姜文辉的带领下，赶在春茶生产季节开端之时即加班加点研制安化历史文化名茶。随即，方永圭、姜文辉派出技术人员赴芙蓉山四保贡茶产地仙溪镇挖掘名茶遗产。

论仙溪镇的四保贡茶，就要说到两个人，他们就是《大桥保贡茶册》中记载的逢春公兄弟的嫡系五代传承人向介夫、向文彬。向介夫字垂弟，垂弟公继承其父亲向景之（兴九）、养父向育之（兴十）、祖父向寿元（道前）、养祖父向中元（道秋）的大桥保贡茶芽茶的制作技艺。向道前、向道秋是在其祖父向逢春、叔祖父向生柔、向生裕及父亲向治定的指导下学习四保贡茶的茶叶种植、培管、采摘、制作、储存、运输。和垂弟公在一起学习贡茶技术的还有堂弟向垂质，字文彬，向生柔的后裔。两兄弟长期在一起切磋茶艺，又各有专注，垂弟公专注于芽茶，文彬公专注于黑毛茶。文彬公因家境殷实，读过几年私塾，20世纪50年代中期仙溪红旗茶场筹建之初就把文彬公招入公社茶场并由他担任会计，并邀请兄长垂弟公在仙溪红旗茶场传承四保贡茶芽茶的制作技术。垂弟公按着家传贡茶的制作方法，制作一斤贡茶要采摘八斤鲜茶叶（十六两老秤），制作技术严格遵从四保芽茶的制作技艺进行，并给大家讲授从小熟读的《四保贡茶史》《大桥保贡茶册》的内容和贡茶知识。

安化茶叶试验场的技术人员到芙蓉山四保贡茶产地调研，仙溪公社红旗茶场领导把这次接待任务的技术交流工作分派给文彬公来完成。他邀请垂弟公把制作四保贡茶原料品质、特点和芽茶的技术对安化茶叶试验场的技术人员和工人进行了详细的叙说，并进行了示范性操作和讲解，让他们感受到了贡茶制作的神圣责任和精湛的制作技艺。技术人员经过反复试验、探索总结，终于在四保贡茶优质原料的基础上创制了独具一格的安化松针。安化松针与高桥银峰在国庆十周年献礼活动中获得各界好评。

安化茶叶试验场把按四保贡茶制作技艺演变而成的安化松针的工艺流程、制作标准用文字和图表确定下来，形成安化松针的基本制作技术。方永圭在1963年第一期《茶叶通讯》杂志发表论文《名茶——安化松针的创制技术初报》。特别是在鲜叶采摘和保持齐整上进一步强化，要求鲜叶黄绿色，不得用指甲掐叶梗，摊也萎凋时叶与叶、芽与芽分开不能重叠，手工搓茶整形要求圆、紧、直。经历四年的试制、总结、提高、定型，到1962年终于创制出绿茶珍品安化松针。也培养了搓茶一流的曾香桃和水准较高的十几个工人。后来，姜文辉、邹传慧、黄千麒等继续改进安化松针，对安化松针的各个工艺过程进行系统的实验和探索，从而促进了其品质的不断提高。并在1977年第四期《茶叶科技简报》杂志发表理论文字《安化松针》。

安化松针属于特种绿茶中针形代表，外形挺直圆浑细秀翠绿匀整，白毫显露，可耐冲泡，香气浓厚，滋味甜醇，茶汤清澈明亮，叶底匀嫩，逗人喜爱，状似松针而得名。容易氧化，不易保管。安化松针的产量甚少，主要用于展品、教学研究及内部供应。1985年，安化松针的产量150千克；2007年，安化松针仅产750千克；2011年，安化松针只产50千克。

1976年，垂弟公仙逝。文彬公见其遗孤甚多，承担起照顾其子女的责任。垂弟公长子向远幸子承父业，继续传承四保芽茶的制作技艺，又学习继父文彬公黑毛茶加工制作技艺，并当年进入仙溪红旗茶场工作。"文革"结束后，红旗茶场在安化县仙溪镇的各个乡、村建立分场，向远幸凭着精湛的茶叶制作手艺，与传承贡茶的责任，被派往山漳江分场做负责人。为了适应时代的需要，向远幸在致力于研究芽茶的生产加工技术三十余年的同时，不断吸收安化松针的特质，优化四保贡茶芽茶的技艺。他秉承"遵古训、循古法"的宗旨，精心维护明清遗留至今的芙蓉山贡茶基地及四保贡茶芽茶的制作技艺。1999年，向远幸在红旗茶场山漳江分场的基础上承包茶场，改建为仙山茶厂，并开始学习安化松针搓制外形的技术，将其优点、特点应用到四保贡茶芽茶的制作上。

2006年，向远幸在研制保贡松针的时候，特别是保贡松针的外形成型和形体统一，遇到了一些问题，如制作速度慢、品相不统一。他在与安化县茶叶办主任蒋少剑先生交流时，得到了蒋少剑夫妇的技术指导。蒋少剑先生曾是褒家村茶场暨安化茶叶试验场基地的场长，其夫人是专门负责手工搓制安化松针的技术员。向远幸在得到了蒋少剑夫妇的技术指导之后，萌生了一些新的想法，通过实践和加入机械力，形成了保贡松针特有的半机械半手工整形的方法，迅速完善了保贡松针的外形。

2009年，时任安化县农业局局长、安化县茶叶协会会长的吴章安先生到北京出差，在北京朝阳区的晋商博物馆看到了《大桥保贡茶册》，并翻拍了有关向氏族人生产贡茶的名单和数量的图片，吴章安先生回安化后，把这些资料交给了向远幸，向远幸才知道父亲常说的《四保贡茶》《大桥保贡茶册》确有其书，曾经背诵的知识也在书本上。向远幸苦苦冥思了几日，觉得自己的责任重大，应该弘扬四保贡茶芽茶的制作技艺。召回了在深圳工作的儿子向凤龙，来传承大桥保贡茶的制作技艺。向远幸、向凤龙父子将仙山茶厂更名为安化县仙山茶叶开发有限公司，经过几年的努力，安化县仙山茶叶开发有限公司发展成了一家集贡茶茶园种植基地、贡茶茶园培管、贡茶生产技艺、贡茶储存、贡茶销售于一体的现代化企业，以盛产四保芽茶与安化松针相结合的保贡松针及历史形成的保贡仙茶、保贡芙红而闻名，并注册了仙溪保品牌来对大桥保贡茶进行保护。

保贡松针的制作极为精巧，分鲜叶摊放、杀青，揉捻、炒坯、摊凉、整形、干燥、筛拣等八道工序。保贡松针对鲜叶要求极高，采用清明前一芽一叶初展的幼嫩芽叶，并保证没有虫伤叶、紫色叶、雨水叶、露水叶，不能有节间过长及特别粗壮的芽叶。鲜叶按先后等级分别薄摊篾盘内，置于阴凉、通风清洁处使水分轻度蒸发，叶缘微卷。用杀青机杀青，锅温140℃左右，叶色暗绿，质地柔软，有清香味。出锅后迅速薄摊冷却，杀匀杀透，无红梗红叶及焦尖、焦边叶。摊凉后手工或微型揉茶机揉捻，有茶汁溢出，初步成条，要芽叶完整，用力或加压不能过重，揉时不能过长。炒坯用锅炒或微型烘干机控制在70～80℃蒸发水分，浓缩茶汁，达七八成干即适度。炒好的茶坯迅速薄摊篾盘，使茶叶水分分布均匀，一般30分钟。在专用烘茶灶上的揉盒内用不同搓揉手势，使茶叶细长、紧直、圆润，色泽翠绿显毫。整形的茶叶薄摊烘盒内用35～40℃的低温慢烘，控制5%以内的含水量，按外形内质、品质优次用皮纸包好存入生石灰缸内。存放两三天后进行筛选，筛去碎末，拣去扁片弯条，按品种拼配，包装出厂。

保贡松针冲泡步骤讲究，先备茶，认识保贡松针的外形和色泽；接着备水，以高山泉水或山涧松泉、竹泉水质更好；将预备冲泡的保贡松针装入茶碟让客人观赏其外形、色泽及闻香气；用茶匙取出茶叶投置杯盘中；先冲少量开水将茶叶全部打湿，静置一分钟左右让干茶浸润舒展，再冲开水至杯碗容量的四分之三，上下提冲让开水冲力使茶叶翻动，茶汤均匀；将茶汤倒入茶杯；用茶盘托着送到客人面前，客人接茶；客人趁热品尝，观赏汤色，嗅闻香气，细啜茶汤入口腔，边吸气边用舌头打转，反复品尝，徐徐咽下，感受香醇甘美的回味。

2015年，在安化第二届茶叶博览会上，安化县仙溪镇政府推荐向远幸为贡茶传人，并载入《中国安化黑茶行业大家庭》等书。

月芽茶

蒙洱冲追根溯源

品饮时滋味鲜香、甘爽，茶的香味比较浓郁持久。

月芽茶为炒青绿茶，产于奉家山、枫凤山一带，主产在奉家、双林、金凤、天门等海拔800米以上的云雾山区。

奉家山属于新化西部边远高寒山区，为雪峰山脉中段，平均海拔1000米以上，峰峦叠嶂，山势险恶，切割深度达数百米，风车巷为新化第二高峰，海拔1585米。清代以前，奉家山叫元溪山，中有元溪闻名，地域覆盖水车、奉家、岗东（今属溆浦）。奉家山与隆回、溆浦接壤，曾是明清时候瑶人的聚居地，至今还有瑶人冲、瑶人凼、瑶人村、瑶人屋场、瑶人街等地名传世，还有瑶人庙等遗址存在。

蒙洱冲原名蒙耳冲，一年四季雨雾弥漫，迷蒙了眼，有人取名蒙眼冲。因地形像人的耳朵，又有人写成蒙耳冲。当地人迷信，希望用水克火，又写成蒙洱冲，从此流传至今。蒙洱冲下一公里处，有个村庄叫錾字岩村，以出产贡品茶闻名于世。这里谷深林茂，层峦叠嶂，树木密布，河流纵横，常年云雾弥漫，土壤肥沃，雨量充沛。野生茶树极多，生长茂盛，茶芽极嫩，有"山崖水畔，不种自生"的架势。

錾字岩原名凤鸣山。相传，在唐代时期，八仙之一的张果老骑着毛驴经过奉家山，口渴进农家讨茶喝，当时天寒地冻，热忱的农民怕张果老喝不得凉茶，特意为他烧制一壶野生浓茶，浓郁的热茶温暖了张果老的身子。张果老感激茶农的古道热肠，在奉家山渠江边的巨石上挥笔写下一个"茶"字，又点化周边的野生茶树百来蔸为一片茶园。第二年春天，茶园的茶叶生势格外茂盛，茶叶香气弥漫，味道浓厚鲜甜，清香可口，回味无穷。当地农民把这座茶园的茶视为仙茶，并把写有"茶"字的巨石称之为錾字岩。

唐五代时期，毛文锡《茶谱》载："长沙之石楠，其树如棠楠，采其芽谓之茶。湘人以四月摘杨桐草，捣其汁拌米而蒸，犹蒸糜之类，必啜此茶，乃其风也。尤宜暑月饮之。潭邵之间有渠江，中有茶，而多毒蛇猛兽。乡人每年采撷不过十六七斤。其色如铁，而芳香异常，烹之无滓也。"渠江之源在新化奉家山，由蒙洱冲、青猴江、姑娘河等溪流汇聚而成，流经新化奉家、溆浦、安化等地而北入资江。奉家山蒙洱冲、川坳一带，海拔在800米以上，峻岭挺拔，云雾缭绕，雨量充沛，溪流潺潺，土质肥沃，是种植茶叶的天然之所。

宋神宗使用怀柔政策，征服大梅山，置新化、安化两县，把古梅山纳入北宋版图。南宋孝宗乾道元年（1165），新化县官下乡登记稻田，投宿改名錾字岩的凤鸣山，感慨其茶色香味美，不禁采买一包献给孝宗，孝宗喝后大喜，赐名贡品茶。县官得到皇帝嘉奖，来到凤鸣山的錾字岩茶园边，在岩石上錾出"贡品茶"三字以示纪念，凤鸣山也由他在地图上改名錾字岩。

錾字岩与蒙洱冲同属一座山坡，只是位置有上下，茶质完全一样。宋代，新化向朝廷纳税，以錾字岩、蒙洱冲等地的贡茶代税，当时的贡茶产量极少，年产贡茶十六七斤。宋代吴淑《茶赋》载："夫其涤烦疗渴，换骨轻身，茶荈之利，其功若神，则古币贡茶也，西山白露，云垂绿脚，香浮碧乳。"錾字岩茶列为宋代茶苑中的名品。

宋、元、明等数朝，奉家山的瑶民不忍压迫，反抗四起，兵事不断。明太祖朱元璋登基称帝，将錾字岩茶列为皇宫贡茶，蒙洱茶采制要求高，采摘茶叶在清明节前后7~10天之内，雨天、风霜天、虫伤、细瘦、弯曲、空心、茶芽开口、茶芽发紫、不合尺寸等不能采摘。自明朝洪武年间到清代道光年间，贡茶历史长达近500年之久，成为当世现存的贡茶历史最悠久的名品，堪称湖南贡茶极品。明代永乐元年（1403），新化县令肖岐为了完成赋税，指导奉家山人们垦种茶园，茶叶生产得到了更大的发展。清代同治年间，奉家米茶列为清廷贡品，以抵"征粮"。奉家米茶芽叶细嫩，香气馥郁，氨基酸、儿茶素含量尤高。当地人称"若得米茶天天饮，明目益思人长春"。

奉家山水能资源丰富，山地气候明显，最适宜中药材、茶叶、高山延迟蔬菜种植。錾字岩、蒙洱冲在双林峡谷，即千里渠江的源头，现在开发成渠江源茶文化主题公园，包括蒙洱冲贡茶园和姑娘河自然景观。

蒙洱冲旁的川坳村，世代住着几户李姓人家，他们的祖辈以种茶为业。晚清时期，他们主要是生产青砖茶，沿着渠江水运到资江或者翻过紫鹊界运到水车，汇集到新化、安化的茶叶大流中。李洪玉的祖父，就是制作青砖茶的茶人之一。李洪玉的父亲继承了茶人的身份和职业，在20世纪50~70年代，负责青猴江流域及蒙洱冲、錾字岩等村的茶叶收集、制作，并经营川坳村的东风茶厂，生产红碎茶。直到20世纪90年代，川坳村的东风茶厂改为青猴江茶厂，才由李洪玉经营，生产蒙洱茶、奉家米茶、月芽茶。

我曾多次到访奉家山，寻访蒙洱冲、錾字岩、川坳村等地，在蒙洱冲下确是找到一块巨大的石壁，高数十米，宽约百米，如刀削斧劈，森然挺立。渠江源头的溪流从下面哗哗流过，有惊涛拍岸之势。再细观石壁，隐约有一个巨大的"茶"字。远望山坡上，有农舍五六栋，问行人，说均以种茶为生。初夏时节，农舍前摆放着一张张竹盘，都是晒的新茶，散发出阵阵清香，让人易醉。

1982年起，娄底茶叶学会、科委组织茶叶界的专家和技术人员在继承蒙洱茶、奉家米茶等传统工艺的基础上，借鉴各类名茶的采摘经验和加工技术，于1985年成功地将奉家山的茶叶研制为形质皆美的月芽茶。月芽茶1986年通过省级鉴定，在全国名茶评比会上一举夺魁，获商业部颁发的优质产品证书。

月芽茶为炒青绿茶，产于奉家山、枫凤山一带，主产在奉家、双林、金凤、天门等海拔800米以上的云雾山区。制茶的茶叶在清明到谷雨时期采摘，以一芽一叶、一芽二叶的优质茶叶为原料，经过杀青、揉捻、炒二青、复揉、提毫、整形、烘干等工艺，条索紧卷，形似月芽，白毫显露，嫩香持久，滋味甘醇，汤色清澈明亮，叶底嫩绿均匀，饮后口齿留香，回味甘甜，具有生津止渴、提神醒脑、明目健胃、防癌抗癌、强身益寿等功效。

1988至1990年，月芽茶连续三年被评为湖南名茶。1991年，月芽茶获中国食品工业十年新成就展示会优质产品称号。李洪玉经营青猴江茶厂之后，继承了月芽茶的制作方式，并在当地民间传播。21世纪，李洪玉成立了新化桃花源农业开发有限公司，把蒙洱冲、錾字岩、川坳等地的好茶叶收集起来，精心加工，发扬传统，推出新茶。2006年，中国茶叶学会常务理事、湖南省高级品茶师制成的月芽茶投放到市场，很受茶客的欢迎。2007年，又成功研制出蒙洱黄芽茶，填补国内黄茶压缩的空白，获湖南省第三届湘茶杯名优茶金奖，获中国国际茶博览交易会银奖。2008年，产各类茶5260担。2009年，成功研发蒙洱太空茶，在东莞茶叶拍卖会上每斤41万元拍出。

2012年，以湖南奉家山农业发展有限公司、新化桃花源农业开发有限公司、新化县紫金茶叶科技有限公司、新化蒙洱茶业有限公司为龙头，以蒙洱冲、錾字岩、川坳、大桥等村为基地，形成奉氏古方、奉家山、大桥江、蒙洱冲、錾字岩、青峰剑、芙蓉仙等品牌茶叶产业，远销湖北、江西、浙江、上海、北京等地，深受社会各界好评。

2014年，奉家镇重点打造渠江源茶文化主题公园，将曾经的庭院经济打造成带领山区农民脱贫致富奔小康的富民产业，并将主题公园定位为集产品功能、文化功能、生态功能和观光休闲功能于一体的现代化生态茶园。主题公园海拔700～1200米，群峰叠翠，溪水潺潺，常年云雾缭绕，加上矿物质丰富、土地肥沃，是优质茶叶生产的理想之地。引山泉水灌溉，采用人工除草，施有机肥料。到渠江源观赏茶园，无论是远眺还是近赏都会感受到不同的景致，远眺茶树连绵起伏，近赏茶香沁人心脾。2014年，第六届湖南茶业博览会上，奉家茶叶名声鹊起，蒙洱冲绿茶、十八红红茶分别获得茶祖神农杯名优茶评比踏查金奖和红茶金奖，渠江源茶园基地被评选为湖南十佳休闲旅游示范基地。

新化换茶

古老风俗

换茶一般用在结婚大宴宾客或春节等招待嘉宾，表示喜庆、吉利，又叫欢茶。

在古梅山地带，很多名物无法让人理解，并且只在小范围内流行，随着城市文明的进步，那些古老的梅山习俗和名物开始慢慢消失。

梅山属于高山地带，海拔在800米左右，崇山峻岭之间，形成的沟壑或山湾，有一片片小田，溪水汩汩地从旁边流过，一级一级梯田排列在山湾里，非常壮观、幽静。这些水田并非一年四季水资源充足，常常靠雨水来灌溉。春季雷响，就要保持雨水不被浪费，把田犁翻平整，积水过夏。很多人家借此养鱼、植稻，农民把这些水田叫塘田结合。种稻谷在稻子黄时需要干水，稻谷才能够金黄。稻谷中有种特殊的水稻——新化糯谷可以不要干水，从插禾到收割都可以关水。稻谷黄时，稻香飘逸，幽远迷人，这种稻谷是酿新化糯米酒的好原料。糯谷稻田养的鱼叫稻香鱼，吃时有着稻香的气味。

新化和安化是产名茶的地方，茶叶属高山云雾茶，安化在制作方面采用古老的揉碾方式，把茶叶积压成块，做成最原始的茶砖，即茯茶，运往西北。新化名茶有渠江薄片、奉家米茶等，历史悠久，多为贡品。

梅山有种古老的风俗——表兄妹成亲，分姑表亲、扁担亲、续房亲等，结婚时不需大宴宾客，只需邀请姑舅、叔伯几房近亲到场，席间喝碗"换茶"即可。梅山人家庭贫困，居住偏僻，娶不起亲，常娘舅间再结亲来传宗接代。这些家庭自认为低人一等，怕人看不起，不敢庆祝结婚喜事，以喝换茶来表示喜庆。

换茶是糯米炒制出来的米泡，洁白可爱，少部分被染成杂色。米泡抓在手里脆响脆响，干燥异常，喜庆的日子，给客人泡茶时，多使用饭碗，碗里装上多半碗米泡，加少许白砂糖，家境优越的放点精细茶叶——清明前的一芽两叶。一碗换茶一般放四五芽即可，开水转了茶味就行，加多了茶叶冲了味。刚烧的开水冲入碗里，米泡慢慢地上升，又慢慢地平下去。开水冲泡时，米泡与开水变软，米泡湿后潜于水里，表面光滑明亮。用勺子搅拌以后，稍微泡上两三分钟就可以喝了。

换茶米泡的制作工艺比较复杂，是梅山妇女做一个好堂客的标尺。我母亲这一代妇女，做换茶米泡是她们的必须功课，每年秋天，在收割糯谷的时候，正是秋高气爽，天气晴朗，阳光充足，也正是做换茶米泡的最佳时期。

做换茶米泡，首先选择优质糯谷，粒大个长、颗颗饱满，谷壳颜色金黄发亮。用石臼去掉谷壳，筛出糯米，再次精加工，去掉糯米的谷芽。糯米看上去非常圆润，颜色奶白，颗粒完整。把糯米淘洗干净，冷水浸泡一夜，糯米发涨，闪着光亮。第二天早上沥干水分，把糯米用木笼蒸熟，倒入篾盘中，散上凉水，糯米自动散开，叫做发汗。糯米散后，播开冷却，放阴凉处慢慢阴干，糯米一粒粒地缩小坚硬，晶亮透明。在阴干过程中千万别用太阳暴晒，否则米粒出现裂纹，炒出的换茶米泡净是砂子。等米粒完全阴干后，用少许米粒染上红、蓝、紫多种颜色，掺杂在阴米中，米粒五颜六色，多姿多彩，然后再做成炒米。炒米多用砂炒，把经常用于炒干货的砂子烧热，加上植物油，砂粒闪着油光，冒出青烟，烟尽再下阴米。炒米时烧火的柴非常讲究，一般使用干燥的杉树叶，最好是树上自然掉落于地上的细叶。每下一把阴米到锅中，就烧一把杉树叶，再也不要加火。执炒勺的人不停翻转阴米，阴米很快鼓胀成米泡，用筛子筛掉炒砂，米泡洁白鲜艳，很有食欲诱惑。

换茶泡开水后，米粒非常柔软，有韧性，吃在嘴里非常顺滑，经过喉咙的感觉滑爽无比，加上糖水的甜腻，十分美味。

做换茶时，糯米需要发汗，梅山人读"发换"，所以名叫换茶。这茶的主要原料是炒米，也有些人叫米茶。换茶一般用在结婚大宴宾客或春节等招待嘉宾，表示喜庆、吉利，又叫欢茶。

我喜欢吃换茶的感觉，大家围着桌子，每人捧碗换茶，用勺子一勺一勺地捞米泡送进嘴里。我看到碗里一层又一层的米泡，很想一次多吃几粒，把它们全吃完。吃完一勺还有，总感觉吃不完，有闲聊些家常，很有韵味。

黑茶故里

茶中感悟人生

安化黑茶不同于普通黑茶，历史上流传的安化黑茶是大茶叶。

常常有人与我谈茶，当说到黑茶，我很自豪地告诉他们：那是我故乡的茶，我是地道的黑茶之子。

侨居城市，家乡已经被黑茶炒作得名声远播。常常有人与我谈茶，当说到黑茶，我很自豪地告诉他们：那是我故乡的茶，我是地道的黑茶之子。

我老家在新化与安化的交界处，是湖南黑茶的主要生产区域，从小就喝着黑茶长大，在黑茶里感悟人生。

从安化江南往洞市，沿新化七里冲到安化浮清至乐安桥一线，都是产安化黑茶小气候区，这里的海拔与山林都非常相似——山尖林密，寒暑温差大，降雨量丰富，云雾缭绕。山林常有清泉汩汩流出，煮水泡茶，甜而清爽神怡。据《中国名茶谱》记载，这地方产茶最有名的有渠江薄片、安化松针、红茶等。安化黑茶不同于普通黑茶，历史上流传的安化黑茶是大茶叶。大茶叶属于野生茶种，非种植类茶叶，生长在荒山野岭间，枝繁叶茂，铺张开来，一蔸茶树有数千枝蔓，匍匐数十米，可以摘几百上千斤鲜茶叶，做成上百块茶砖、茶饼。

安化黑茶从采摘大茶叶开始，制作大茶饼和茶砖。在大炼钢铁时期，这些山区的树木经过砍伐，土地被开垦种植，因为多种原因，没种植几年土地被荒废，大茶叶重新发芽生长。在20世纪70年代末80年代初，这一带山区产过一批非常优秀的黑茶，后来树木长过茶树，覆盖了大茶叶，茶树慢慢萎缩、死亡。接着，农民在开垦的地里种了中茶叶，茶叶稍小，叶片稍薄，后来生产的茶砖全是以中茶叶为原料，以机器揉做生产，成为比较粗糙的黑茶。

我七八岁时，就随父母混迹茶园，在母亲的教导下学会摘茶、采茶、选茶、种茶等作业。被父母看重的是清明茶、谷雨茶，仔细地采摘，认真地挑选，成为上等细茶。

茶树经过冬天冰雪的考验，开春冰寒稍缓，千茶万树发芽散叶，鹅黄的两片芽叶上顶着一个青绿的芽儿。农人扳着一枝枝茶树，用指甲掐断嫩芽，一天摘不到十斤鲜茶叶，放阴凉处散开，经过半天的风嗍，晚饭后开始揉搓，直到流出绿色的泡沫浓液，再播散，又轻揉，用篾盆装好，覆上湿毛巾发酵两三个小时，再把茶叶散开风干。风干后，清掉鹅黄的对叶，才是上好的细茶，作为擂茶的原料。农家采完谷雨茶后，在地里种上庄稼，茶树再次长出新芽，经过雨水的沐浴和阳光的催促，茶叶迅速生长，到七八月间，茶叶长到七八寸至尺余，茶茎清脆，叶子嫩绿，摘下茶芽，带着露水，茶浆散发着芳香，老人叫红茶，是指泡的茶水带红色。经过杀青、揉捻、渥堆、松柴明火等四大工艺就做成了黑茶。安化黑茶加工讲究，渥堆和松柴明火干燥特别注意。渥堆是黑茶决定茶品的关键，晒青毛茶堆放一定高度后洒水，覆盖麻布使之湿热发酵，加速茶叶陈化，渥堆程度越重，茶汤色越深。松柴明火干燥是黑茶独特的干燥法，给茶叶带来了松烟香。

黑茶色泽黑褐油润，滋味醇和，汤色红黄明亮，用盖碗沸水冲泡即可。黑茶性质温润，老少皆宜，清热利尿，能解肥腻、消滞、减肥。黑茶营养成分丰富，有维生素、矿物质、氨基酸、糖类等。对牛肉、羊肉、奶酪有去油腻的作用，有助消化、解油腻、顺肠胃、杀菌消炎、利尿解毒、降低烟酒毒害等作用，可用来减肥，防治糖尿病、心血管疾病、延年益寿。黑茶主要供西部边区牧民饮用，又称边销茶，是藏族、蒙古族、维吾尔族兄弟的日常生活必需品，他们"宁可一日无食，不可一日无茶"。最早的黑茶产于四川，由绿毛茶蒸压成的边销茶，又称"番茶"。当时交通不便，运输困难，为了减少体积蒸压成块。毛茶经过二十多天的湿坯堆积逐渐变黑，团块色泽黑褐，风味独特。黑茶是发酵茶，是我国独有的茶类，历史悠久，花色品种丰富。最早的黑茶出现在11世纪的北宋熙宁年间。黑茶原料粗老，加工堆积发酵时间长，茶叶暗褐色。

黑茶按产区和工艺分为湖南黑茶、湖北老青茶、四川边茶、滇桂黑茶。湖南黑茶集中在新化与安化交界处，益阳、桃江、宁乡、汉寿、沅江等县少量生产。最好的要数高马二溪的茶叶，色泽油黑，汤色澄黄，叶底黄褐，香味醇厚，松烟飘香，装篓的有天尖、贡尖、生尖三尖，成砖的有黑砖、花砖、茯砖。湖北老青茶产于蒲圻、咸宁、通山、崇阳、通城，茶叶粗老，经杀青、揉捻、初晒、复炒、复揉、渥堆、晒干，蒸压成砖，老青茶主销内蒙古。四川边茶分南路、西路，雅安、天全、荥经生产南路边茶，压制成康砖、金尖，主销西藏，也销青海、四川；灌县、崇庆、大邑生产西路边茶，蒸压后装篾包或圆包，主销阿坝、青海、甘肃、新疆。滇桂黑茶中的云南黑茶用滇晒青毛茶经潮水沤堆发酵干燥而成，统称普洱茶；广西黑茶著名的是六堡茶，产于苍梧县六堡乡，有200年历史，经杀青、揉捻、沤堆、复揉、干燥，毛茶仍需潮水沤堆，蒸压装篓，堆放陈化。

黑茶中压制的紧压茶有茯砖茶、黑砖茶、花砖茶、湘尖茶、青砖茶、康砖茶、金尖茶、方包茶、六堡茶、圆茶、紧茶等。黑茶产量大，仅次于红茶、绿茶，是我国第三大茶类。黑茶中的高档品种是茯砖茶，也称伏砖茶、泾阳砖、福茶、附茶等，独具菌花香。现代茯砖茶分特制茯砖和普通茯砖两种。

安化黑茶主要是茶砖和千两茶。我曾经在西部的敦煌等地旅游，看到的茶叶都是安化黑茶，餐馆里流行的茯茶就是黑茶加花椒、姜煮茶水，很受牧民欢迎。

蒙洱茶
缘起唐代

当我再次品到蒙洱茶，已经带着浓浓的历史味，茶水中泛起文化的波澜。

近日读书，忽见史料中说到奉家山产蒙洱茶，数年前，我到奉家山开笔会，正是清明时节，遇到奉家山山民采茶之时，我尝到了新鲜的蒙洱春茶，非常感动。第二天，我们去了渠江，听当地人介绍古代的渠江薄片，我本想找些史料研究一番，后因杂务繁多，没有坚持。

奉家山地处新化县西部雪峰山脉中段，与隆回县、溆浦县接壤。陆路进入奉家山，必须翻过东面的紫鹊界，水路可以从溆浦沿渠江而上。奉家山很小，实乃群山之凹，周围群山连贯在一起，像朵盛开的莲花，奉家山镇是围在花瓣中的花蕊，山峦却是盛开的花瓣。奉家人生活在花心里面，过着与世隔绝的生活，他们有山有水，有铁有盐，有茶有棉，有米有田。

新化乃古梅山之地，自三皇五帝起，就过着蚩尤保存下来的南蛮生活。自汉代以来，梅山瑶民不断受到中原统治者的征伐，梅山蛮的生活圈在缩小。宋神宗年间，梅山首领被消灭，江西大移民，占据梅山要地，梅山瑶族逐渐被同化，少量瑶民避居深山或迁徙五岭山脉。

唯独奉家山一带没有改变，奉家山鼻祖乃秦献公次子季昌，反对商鞅变法遭迫害，隐居于此。为了掩人耳目，堵塞渠江，水流从岩缝中渗出。遣奴仆于紫鹊界垦荒屯田、种茶植树、建房立家，打探消息。现在进入奉家山，有公路从高峰连绵起伏的紫鹊界过，可以看到梯田依次递加、漫山遍野，甚是雄壮。

蒙洱茶历史悠久，唐代已经生产，且名声大噪。唐朝贞观年间，文成公主出嫁西藏松赞干布为妻，曾选带蒙洱茶做饮品。后梁时，列为宫廷贡茶，历代相袭。毛文锡《茶谱》载："潭、邵之间有渠江，中有茶，而多毒蛇猛兽，乡人每年采摘不过十六七斤，其色如铁，而芳香异常，煮之无滓也。"古产蒙洱茶，是奉家山的蒙洱冲。成品茶芽头茁壮，长短大小均匀，茶芽内面呈金黄色，外层白毫显露完整，包裹坚实，茶芽外形像银针。

奉家山山地气候明显，变幻无常，山高谷深，云雾如海，溪多泉清，林湿叶绿，岩峭坡陡，阴云蔽日，风清气润，竹木葱茏，土层深沉，黑褐肥沃，昼夜温差较大，最适宜茶叶生长。现在奉家山茶叶种植已成规模，逐渐以大桥村为中心，向四周散开。

蒙洱茶全由芽头制成，茶身满布毫毛，色泽翠绿鲜亮，外形细紧勾曲，汤色清澈澄黄，香气高爽持久，滋味甘醇鲜爽，叶底幼嫩明洁，久置不变其味。冲泡时嫩芽在杯中浮上沉下，茶色明亮杏黄，一目了然，犹如云雾中的少女，令人浮想联翩。茶如银针直立向上，几番飞舞，又集聚一团，沉于杯底。品茗时心平气和，别具一番风味。1957年被评为中国十大历史文化名茶，远销湖南省内及浙江、江西、湖北、上海、北京等地，深受茶客好评。

采茶之时，正值奉家山兰花怒放，花香熏染，蒙洱茶格外幽香，风味愈加共同。采茶时间，恪守清明节前后7~10天。雨天、风霜天不能采摘，虫伤、细瘦、弯曲、空心、茶芽开口、茶芽发紫、不合尺寸者不适采摘。

蒙洱茶制作方法不同，分红茶有蒙洱银剑，白茶有蒙洱雪芽，绿茶有蒙洱月芽、蒙洱太空茶、芙蓉仙茶，黄茶有蒙洱银针，黑茶有渠江薄片等。

当我再次品到蒙洱茶，已经带着浓浓的历史味，茶水中泛起文化的波澜。

渠江薄片

中国黑茶鼻祖

渠江薄片属黑茶，存放越久，滋味越醇。

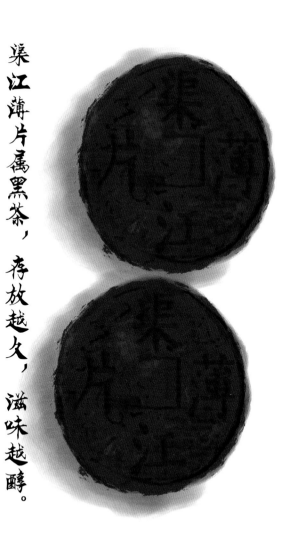

渠江发源湖南新化县古台山，经奉家、天门、长峰等地注入资水，乃新化第三大水系，在地理志上颇为有名。新化奉家山为奉姓聚居地，历代产茶，渠江薄片、月芽茶、蒙洱茶尤其出名。

《新化县志》载：渠江薄片、月芽茶为宫廷贡品，全国享有盛誉。《茶谱》载："潭、邵之间有渠江，中有茶，乡人每年采摘不过十六七斤。"因产量少，可饮用之人少。

从茶的源头细说，渠江薄片是中国黑茶的鼻祖，源于东晋，兴于唐，盛于宋，明清两朝为贡茶。《茶谱》载："渠江薄片，一斤八十枚。"《奉氏族谱》载："奉氏秘方，渠江薄片，一斤换米十升。"可见渠江薄片的制作精细、价格昂贵。

渠江薄片制成后，外形为古铜币样，香气纯正持久，滋味醇和浓厚，汤色澄红明亮，饮用方便。渠江薄片原料选取奉家、天门的头等高山云雾茶，经两蒸两制冷渥堆后，压制成古铜币，茶叶已经消除黑茶涩味沤味，变得芳香异常。

渠江薄片乃千年古茶，集文化与历史一身。唐至五代十国时期，渠江薄片已经成为中国十大茗品之一。1368年，朱元璋登基称帝，将渠江薄片列为皇家贡茶，专供皇室成员使用。清代，渠江薄片继续列为皇家贡茶，有五百余年的贡茶史，是中国贡茶历史上最悠久的茶品。据现在可考的史料记载，有宋代吴淑《茶赋》云："渠江薄片，西山白露，云垂绿脚，香浮碧乳齐名。"李时珍《本草纲目》载："渠江之薄片，会稽之日铸，皆产茶有名者。"明代田艺蘅《煮泉小品》载："武夷、渠江二茶试之，固一水也，武夷则艾而燥冽，渠江则如铁而清香。"明末方以智《通雅》载："渠江之薄片，唐宋时产茶地及名也。"都对渠江薄片进行了记载和评价，对后人了解渠江薄片的价值很有好处。

奉家山这个小小的山村，自新中国成立以后，很多茶叶专家和品茗高手不远千里寻找渠江薄片的踪迹，到奉家山勘察茶园，我曾有幸到过那里。奉家山一带群山起伏，峰石奇异，树木葱茏，云雾茫茫，海拔600～1800米，昼夜温差大，气候条件特殊，常高空阳光灿烂，山中云雾翻腾，低空细雨蒙蒙，瞬间暗淡无光，阵雨迷蒙，山色一新。有诗句描述："云暗雨来疑是夜，山深寒在不知春。"奉家山土壤肥沃，腐殖丰富，茶树生长迅速。

我曾在奉家山看到大量古茶树生于岩缝内，泉水渗于山石间，常年不涸。取此泉水，回寓所冲泡渠江薄片，茶叶在杯中翻滚，其色如铁，芳香异常。久烹于灶，锅底无滓。此举是多年前之事，现犹记忆在心。

渠江薄片属黑茶，有延年益寿，降血脂、血糖、血压的作用，在减肥、抗癌、预防心血管疾病等方面功效显著，且存放越久，滋味越醇。最近日本研究，渠江薄片中的黑曲菌可防止脂肪堆积。它是茶叶收藏家、品评家、鉴赏家的首选，可做装饰，也可品茗。

奉家米茶

历史上的**皇家贡茶**

成茶色翠较深，香气高长，汤色绿明，滋味鲜醇，叶底嫩明。饮后口齿留香、回味甜美。

新化县与隆回县、溆浦县交界处的奉家山一带，茶叶的种植和采摘一直没有中断过。奉家产茶历史悠久，品位甚高，名驰遐迩。

毛文锡《茶谱》载："潭、邵之间有渠江，中有茶，而多毒蛇猛兽，乡人每年采摘不过十六七斤，其色如铁，而芳香异常，煮之无滓也。"唐代主产蒙洱茶，给文成公主做嫁妆；宋代主产渠江薄片，一斤八十枚，换米十升；发展到明清时期，蒙洱茶和渠江薄片的制作方法渐渐消失，被一种新茶所代替，这种茶就是历史上的奉家米茶，被列为清廷贡品，以抵征粮，继续维持奉家茶在皇家贡茶中的地位。奉家山周边的双林、金凤、天门等乡，随着奉家米茶的名声远播，茶叶发展趋势越来越迅猛，种植范围越来越广。奉家山附近山势峻岭挺拔，地势在海拔600米以上，平均在800～1200米之间，山中常年云雾缭绕、雨量充沛，是产云雾茶的绝好条件。穿行山岚中，只见溪流潺潺，土质黑褐肥沃。一天之间，天气变化无常，日间艳阳高照，夜间常有降雨，晨起雾罩云障。这里本是一个绝好的隐居之地，曾有秦献公次子季昌隐居于此，繁衍奉姓。

奉家米茶芽叶细嫩，香气馥郁，形似米粒，富含氨基酸、儿茶素，乃茶叶中的绝品。奉家米茶成茶条索紧卷，形似月芽，白毫显露，嫩香持久，滋味甘醇，汤色清澈明亮，叶底嫩绿均匀，所以又名月芽茶。1986年，中国茶叶专家根据奉家米茶的形质皆美，改名月芽茶，现在一直沿用月芽茶的名字。

奉家米茶按采摘的时节不一，分黑米茶、红米茶、绿米茶等。奉家山居民有句俗话：若得米茶天天饮，明目益思人长春。我们现在品奉家米茶，最好选用透明玻璃杯，当品茶人心平气静之后，在祥和肃穆的气氛下，最适宜品味奉家米茶的滋味。奉家米茶本是大山中的洁净之物，采天地之阴阳，吸宇宙之朝露，生万物之灵性。泡茶器皿必须清洁，一尘不染；芽茶非常细嫩，80°的开水即可冲泡。开水冲入杯中，泡开的米茶外观如莲心，茶先浮于水面，慢慢旋于杯中，茶叶在水中荡漾。未舒展开的叶芽如枪，展开的叶片如旗，相得益彰，甚是美观壮丽。在续水时，需三点三扬，冲动杯中茶叶。品茶时，需要一看二闻三品味，方可达到品奉家米茶的至清至醇至真至美的韵味。

奉家米茶，特级的茶园只有一亩左右，隐于山沟之中。冲泡时，茶叶浮于水中，按生长方式叶尖朝上，叶片舒张开来，悬于水中，把茶水分成两半。外观其貌，非常艳丽，有久捧而不舍放下之意。其余的茶园，茶叶稍差些。

奉家米茶采摘时，只摘一芽一叶，最多一芽二叶，绝不摘一芽三叶。新鲜茶叶摘回来用春风杀青，再用手揉捻，炒二青，复揉，提毫，烘干。成茶色翠较深，香气高长，色绿汤明，滋味鲜醇，叶底嫩明。饮后口齿留香、回味甜美，有生津止渴、提神醒脑、明目健胃、防癌抗癌、养生益寿之效。

七里冲记事

十八桥曾经的繁华

七里十八桥日夜都有无数客人。路途飘逸着茶叶的香味和山歌声，增添了热闹的气氛。

七里冲古道是一条伴溪而行的驿道，弯转曲折，小桥较多，短短的七华里，有十八座桥。留下了七里十八桥的俗语。在这条驿道上，每天可以看到古道、西风、瘦马、小桥、流水、人家，让多少商人心动。

七里冲地处梅山腹地，乃新化与安化的交界处，两面山峰对峙，中间峡谷通过，这就是古老的七里冲驿道。宋神宗安抚梅山蛮，元丰末年江西抚州府金溪县青田里有大批人口迁入此地。七里冲被发掘，成为交通要道。特别是迁徙的人慢慢进入深山老林，发现了当地的特产：茶叶、油茶、油桶、棕等，七里冲成为必经之道，道路的价值越来越大。七里冲的两端，为两座高山，北端为大熊山的川江岩，南端为浮清山，中间夹着一座小山峰，名杉山界。杉山界两边都是新化县圳上镇的山溪、海龙，这一带森林茂密，多产松树、杉树。在山脚的杉树林中夹生很多油桐、棕，在山顶的松树林里，茶叶匍匐在树底，散开像地毯，油茶穿插在林稀处。川岩江下有个古村落，叫洞市，即安化的后乡，安化茯茶、黑茶的原产地。浮清山下为浮清乡，即安化的前乡，通往梅城。这里的特产，都要翻山越岭才能走向其他地方。

七里冲，从明清至今数百年，商贾云集，肩挑马驮，主要运输茶叶、油桶、油茶、棕等物资。最多的是茶叶，也就是黑茶，盛夏之际，松树林里的茶叶在摘过松针（头茶）后，经过梅雨季节的滋养，茶叶长得又长又细，可摘到两尺长的嫩茶叶，一个妇女一天可摘几百斤鲜茶叶，在制作成黑茶砖后，通过水路，脚挑马驮至牛田驿（洞市），用竹排木排顺麻溪而下，入资水，到益阳、长沙（靖港）、湘阴（茶湖潭）、岳阳、武汉；陆路翻过浮清山，走大道至梅城、宁乡、长沙，再运往大西北，成为牧民喝的茯茶。

七里冲有两条岔道，为郑家冲、汉子冲，都住了不少人家。七里冲沿途也有几户人家居住，方便商贾收集物资据点和借宿。因为商贾繁多，土匪也慢慢增加，劫持商贾。郑家冲和汉子冲的人家开始以舞龙为名习武，保家护院，曾出过不少把式。土匪不是他们的对手，再也不敢在七里冲一带为非作歹，只好远走他乡。

晚清时期，左宗棠任陕甘总督，在西北推广安化黑茶，安化黑茶成为西北用茶的主要品种，七里冲的茶叶、油桐运输量日益上升，十八桥本来是由山中杂木株树、梓树做桥梁，冬季下雪结冰后削平的桥面比较滑，但是过往商贾不少。有个李姓的桐油商挑着一担桐油走七里冲，因为桥面很滑，摔倒后桶破油漏。他立誓，发财后就要修好这十八座桥。几年的桐油生意，他发了财，带上百工匠到七里冲修路架桥，杉山界上下坡用青石板铺成石级，十八座桥全部换成青石板桥，石板从洞市运来。当时路窄，三年半才修好七里冲的路与桥。十八座桥，每座桥由两块一尺五寸宽的青石板拼成，桥墩全部用青石砌成，非常牢固，现今完好无损。从此，七里十八桥在方圆数十里名声大振，过往客商都选择这条驿道行走，日夜都有无数客人。路途飘逸着茶叶的香味和山歌声，增添了热闹的气氛。走在这古老的驿道上，肩挑马驮已经稀少，我不时会想起曾经的繁华。

一杯热酒的温度

温酒言诗的小资生活

我喝着紫砂杯中的温热米酒，慢慢品味酒中的甜味和黏腻，米酒没有粘糯，酒色澄清透亮，可以看见杯底，感觉到温馨、高雅、舒适，像回到了自己的理想生活。

老家新化开始飘散着秋天的凉风和霜雾，喝着温热的米酒，感觉到乡村一片阳光灿烂。

文人饮酒吟诗作赋，留下不少佳话；小资喝酒谈情说爱，留下许多青春回忆，为了一杯热酒，相互诉说它的温度和甜腻。

喝酒，酒精发作自然会产生热量，在带着寒意的冬天，如果有杯热酒，也许更有回家的温馨和浪漫，体味酒情酒景。在我认识的小资里，大家还在为吃海鲜喝红酒还是黄酒好争辩时，由普通小资升级为资深小资的阿藕，已经在探索温酒的情调和品味欣赏温酒的时尚气氛了。温酒给人的是温度和暖流，不是醉意和颤抖。

小资喝酒，讲究适度，而不主张醉意，当温暖的酒液缓缓流入嘴里，饮者越喝越清醒，越喝越有激情，添加那种闲适的心情，把持闲聊的风度，像品嚼人间美味和哲理。阿藕这个资深小资，是我们这座城市的人间尤物，不仅风情万种，而且酒性不浅，又好酒。她从不关心自己的前世，只把握今生今世的舒服、快乐，对个人生活追求品味格调，过得舒适怡然。

我认识阿藕时，她已经是地道的资深小资了，吃喝玩乐，早就讲究格调和品位，追求高尚和完美。半个月前，我与阿藕回了一趟老家新化。我的老家，在蚩尤故里，饮食习惯有些原始特色，而且盛产米酒，饮酒、劝酒、品酒、酿酒等文化浓烈。我从小就受家乡酒文化的熏陶和洗礼，学会品酒、酿酒、饮酒，做个酒人，熟悉米酒从生到熟的滋味、从甜到苦的酒性、从冷到热的劲道。

回到老家，阿藕一切都感觉陌生、好奇，特别是看到了酿造重阳酒的全过程，让她兴奋不已。亲人用自家的米酒接待我们，为了表示对尊贵客人的敬意，父母特意用砂罐子把米酒温热，喝了烫烫的，进入喉咙暖暖的，流入胃里温温的，全身是热热的，阿藕马上感觉到主人的热情和蔼。

老家新化开始飘散着秋天的凉风和霜雾，喝着温热的米酒，感觉到乡村一片阳光灿烂。阿藕从来没喝过加热的米酒，以为米酒天生就有凉意和劲道。喝了温热的米酒，找到了资深小资的感觉，马上吟诗作对，硬要与我玩文字游戏，那些懒散、高雅的文字搞得我应接不暇。在阿藕的眼里，乡村的秋天，是那么金色灿烂，风采异常。

回到长沙，我又沉溺到了书山稿海，开始码字作战。几天后，阿藕纠集了几位资深小资，到她的住处品味煮酒赋诗的豪情义气。我是阿藕邀请的唯一男宾，坐在阿藕宽敞的茶室，畅谈文学、梦想。阿藕架起小小的火炉，酒精灯烤在玻璃瓶下，呲呲发出声响，我想起学生时代的化学实验，就是这样光景，不免感叹。

阿藕把米酒当茶，用小小的紫砂杯给我们盛酒，我喝着紫砂杯中的温热米酒，慢慢品味酒中的甜味和黏腻，米酒没有粘糅，酒色澄清透亮，可以看见杯底，感觉到温馨、高雅、舒适，像回到了自己的理想生活。

　　几天后，我到永州出差采访瑶族的迁徙，邀请阿藕为我担任文字纪要和拍摄。我们在江华的大瑶山行走了几天，没有找到我们所需要的东西和古老的瑶族，倒是喝了很多瑶酒，我才知道瑶酒是瑶民的生活必需品。喝着纯清的瑶酒，温热的瑶酒从锡壶里汩汩流出，虽然没有冒热气，喝在嘴里温温的滋润着我的嘴唇。阿藕马上来了情调，品味着带温度的瑶酒心旷神怡，留下两句：瑶乡美酒最多情，瑶酒回味自多情。

　　瑶酒是一种无味的米酒，当我与阿藕喝下去后，慢慢地醉着了，醉了很久才醒过来。虽然我与阿藕慢慢地向沉醉靠近，资深小资的阿藕，还是以高雅的姿态出现，她那迷人的风采，完成了她的使命，把当地人给吓倒。

　　回到长沙，第二天早上我还没有起床，阿藕就来电话，找我带她去清水塘买锡壶。这让我想起了爷爷，他曾经常用锡壶温米酒、白酒。每次温热米酒，都要我给他试试，他再喝。我就告诉阿藕，我爷爷还用锡壶温白酒，有时间可以试试温白酒喝。我们来到清水塘，找了很多古董店，很不容易找到把锡壶，是清代光绪年间的古董，花了300元钱买下，打的回家去温酒言诗。

新化水酒

湖湘米酒的大宗

喝水酒最好的时节是春节。初一的早饭，所有人都要喝点酒。家中能喝酒的，就慢慢喝。

> 梅山的酒，最大的妙处还在于逢年过节和喜庆的日子，是山民们热闹的催化剂。新化的水酒，是当地人的爱物，更是好饮之人的圣物。

在大梅山深处的新化，酒是不能少的特殊物质。因为酒的存在和生产，出现了与酒相连的产业和人群，也为梅山汉子注入了英雄气概和武术精神。

在新化这个雪峰山尾端山峦起伏、出门就翻山越岭的梅山沟壑，成年男子都有喝酒、品酒、敬酒的习惯与礼数，无论是逢年过节，还是走亲串户，都需要会喝点酒来搞活气氛，不然被亲戚们瞧不起。

梅山人喝酒，不是为了自身的快乐或者身体的放荡，是为了减轻劳作的辛苦，肉体的疼痛，用酒来疗伤、蓄气，完成艰辛的农活。我曾生活在大梅山深处二十年，在那靠山吃山的林莽草丛中，在地里、林里刨食活命，劳作难免会累着、拐着、扭着、伤着。有了酒的存在，一切都觉得容易解决。累了，喝碗酒可以减乏；伤了，喷口酒雾，能消毒化肿、活血化瘀，痛苦也慢慢减轻、消失。

梅山的酒，最大的妙处还在于逢年过节和喜庆的日子，是山民们热闹的催化剂，大家聚在一起，喝碗酒，举举杯，乘着酒兴说几句贴心话，那也是人生中最大的快乐。

新化属古老的梅山蛮地，曾经这里是苗瑶与汉族杂居之地，与外界隔离，饮食习惯原始古朴，山民喜辣好酸，食杂味浓，有"十荤""十素""十饮"。饮酒习俗繁多，劝酒、敬酒成风。新化水酒是主要饮品，逐渐辐射到安化、双峰、冷水江、涟源、娄底、新邵、邵东、邵阳、宁乡等地，成为湖湘米酒的大宗。

新化水酒，属于家酿型酒，靠自家蒸酿。我生活在方姓酿酒世家，从小看着母亲蒸酿水酒长大。新化水酒，其实应该叫新化米酒更为贴切，主要是用粳米或者糯米蒸酿而成，只是在酒已形成之后，在原酒中掺入凉水，当地方言叫水酒。方言中的米酒，却是谷酒，用谷发酵酿造而成，其实是城市的白酒。

古老的梅山，纯正的糯米种植比较少，并且产量不高，而且成熟时多拂倒。所以，梅山曾以种植带一定糯性的粳米为主。粳米是梅山一种特殊的旱稻，生长在旱地，产量高，又抗倒，米粒细长，带紫红色。粳米煮的米饭红润，非常吸引人。

梅山的崇山峻岭，十分陡峭，山与山之间从山脚看天空，就是一根线，大点的地方，用个炒菜的锅子翻过来可以盖上。开辟出来的田地，山民们就着山势，形成大小不一的斗笠丘、蓑衣丘、扁担丘等，小的田地，连牛都无法打转，只能靠锄头翻耕。要种植水稻，只能等天水，即下雨保留起来的雨水。保留天上的雨水，需要田地有很好的土质，有糯性、黏性、韧性，才能保留春天的雨水。梅山的土地多是沙砾，很难保留雨水。雨水从天上降落，就往山坳、山冲里汇集，山坡、山顶、山脊也只能湿湿土。

新化水酒，还是梅山山民生活的一大习俗。谁家有女儿，孩子长大出落成姑娘，父母就要学着种植糯米稻或者粳米，为女儿出嫁、生产做准备。有结婚酒、月子酒、三朝酒，都需要上好水酒。

蒸糯米酒，选择陈年糯米。一年以上的糯谷，风车多次遴选后，选出颗粒饱满，没受飞蛾、米虫侵害的糯谷。再晒干燥，经打米机碾去谷壳，筛掉残米，留下完整光滑的米粒，才是蒸酿水酒的原料。

结婚酒以桌子计算，一桌一坛。月子酒、三朝酒都只要一坛，父母在蒸酿时一般是准备四坛，选择其中最好的一坛拿来用。

梅山蒸酿水酒，还得按时节分，二月十五桃花节蒸酿的是桃花酒，五月初五端午节蒸酿的是端午酒，九月初九重阳节蒸酿的是重阳酒，十月后蒸酿的是过年酒。这与气温有关，糯米酿酒，要把握好气温，气温高容易变为苦酒，味苦却酒度不高；气温低容易变为酸酒，味酸酒淡，难于入口。有些家庭，在酷夏或者三九蒸酿水酒，就会采取措施，夏天入坛后放到阴凉处，冬天入坛后加棉被包裹或者藏进地窖、厨房、谷仓。

蒸酿水酒，把精选的糯米浸泡一夜，第二天早饭后捞出，用大锅蒸煮。每坛需要糯米一斗或者一斗两升，大概四十到五十斤。大锅里加满水，把木蒸笼罩在锅上，蒸笼里结一个垫子，铺上洗净的棕丝，泡好的糯米散铺其上。一般用柴火蒸煮两个小时，糯米完全煮熟，米粒又没煮烂，糯性粘连，饭粒之间能够拉出细丝。蒸熟的糯米晶莹剔透，闪闪发光，饭粒粘在一起。倒入大盘，把糯米饭摊开，经过一天的晾凉，黏性消失。吃过晚饭，再收拾。

把酒药子擂成粉末，加开水调匀，拨散在糯米饭上。尽量把饭粒全部捣散，收入洗干净的陶坛。酿酒的坛子，属于陶瓷结合，里外都有釉质，却是陶器，大概一米高，底端小，向上慢慢涨大，上沿又缩小，成一尺小口，有的还有盖子、坛沿。在气温比较暖和的时候，一般不加盖子，用洗净的纱布盖上，等待糯米饭发酵。

糯米饭在酒药子的发酵下，十天左右，陶罐里的糯米饭就有酒味，开始甜腻、稠密，具有黏性，进嘴粘唇。这种甜酒，叫酒娘，米粒较硬。慢慢的，酒娘变苦，酒力增加，度数上升。完全变苦后，原酒已成，酒度较高。加入生水，划开酒糟，搅碎，浸泡三日，酒水融合，酒糟变软、散开、上浮，水酒始成。

随着时代的发展和家庭的变化，很多家庭都在想把水酒蒸酿好。但是，总是会遇到一些意想不到的事情，蒸酿出来的水酒不是很理想。酒力不够，酒糟泛红，就加入少量白酒提高酒度，增加酒力。慢慢，梅山山民认识到白酒对水酒所起的作用，大量使用白酒。当水酒变苦，原酒形成，山民就直接用谷酒代替水，加入水酒中，盖上盖子，不出十天，很好的水酒就形成。这样的酒甜而不苦，酒水清澈，酒度极高，酒糟化得比较干净。我曾经在广西与湖南交界的大瑶山中喝到这样的水酒，当地叫瑶酒。

还有人家，只喝酒水，把剩下的酒糟集中起来，装入酒坛，密封埋于地下，一年之后，酒糟全部化成酒水，酒水清纯，酒度较高。也有的把酒糟集中，加入谷酒浸泡，三个月后酒糟融化，酒水澄黄，酒力甚好。

梅山山民常把新化水酒叫茅台或者女儿红。酒味已经变苦的水酒，加一两斤谷酒，盖上盖子，把坛沿用三合泥或者水泥密封，埋于地下，三个月后，酒就很好了。作为大户人家，在姑娘长大成人，就要准备结婚酒，也就是女儿红。把蒸酿好的原酒埋在地底下三年，酒水已带红色，香气四溢，酒力也不亚于茅台等白酒。结婚之时，娘家还要给女儿赠送一坛女儿红，作为生产时喝。随着这些年的风俗改变，婆家把媳妇的女儿红拿来款待结婚时的上亲。所以，女儿结婚，娘家又要急着准备三朝酒，因为时间短，把蒸酿的原酒密封后埋于牛棚、猪圈，牛棚、猪圈不管春夏秋冬，没有人来偷，这两个地方还有猪尿、牛尿浇灌，使稻草发酵升温，提高酒糟的泡化，成酒也快。我曾到蓝山县喝过牛尿酒，做法相近。

女儿怀孕，娘家在女儿快生产时，要给女儿送去优质水酒。有些没有来得及送酒水的，女儿在产下婴儿后，女婿会立刻去岳父家报喜，从岳父家带回水酒，给妻子喝。

在梅山，女人生了孩子，可以什么都没得吃，但是水酒、黄糖（片糖）、鸡蛋三样不会少。把水酒煮开，加入黄糖，女人喝了可以化瘀滋阴，再吃鸡蛋补身体。城市里用甜酒冲蛋，加糖，也是这个道理，只是很多用红糖、白糖，而黄糖是温性，不会上火，白糖、红糖上火。

婆家定下三朝酒的日子，娘家及亲朋好友会浩浩荡荡地赶来贺喜，送来仔鸡和鸡蛋、黄糖等。特别是娘家，一定会抬来一坛水酒，那就是在三朝酒上用于大家喝的水酒，表示谢意。三朝酒酒席的汤水比较多，又叫胞衣汤，却有下酒的菜，酒客可以饱食一顿。

梅山的酒席，每个时刻，都有对饮。

二月的桃花酒，主要目的是为了春耕生产，在春暖花开的时候，农民刚下田，水虽然已经转暖，还是春雨绵绵，有些寒气。山民喝碗热酒，自然祛除寒气，身体变温暖。但是，桃花酒还有另外一种作用，就是订婚之用。梅山的姑娘、小伙，在春暖花开的季节，开始春心躁动，经过一段时间冬眠的内心和蓄积的情感开始火山喷发。媒婆也蠢蠢欲动，打着油纸伞到处串门走户，撮合合适的人家。家里有未婚的子女，父母就盼望媒婆来踩门槛。梅山的媒婆，除了能说会道，还是一张会吃的嘴，好东西伺候，酒也不能少。撮合好的男女青年，在父母陪同下相亲，父母同意，女方要在男方家吃一顿饭，男方准备酒宴。相亲结束不久，男女就要举行订婚仪式，女方召集所有至亲来喝订婚酒。

　　端午节，凡是定亲的男子，都要去岳父家提节。梅山正是杨梅红的季节，梅雨时节的男女，也是幽会的最好时机。盛开的花朵已经凋谢，只剩下一些初夏的茂盛和浓绿，更催化他们的情爱。男子在岳父家提节，还要给嫡亲的叔叔、伯伯、姑姑、姨妈送礼，开始认岳父家的这门亲戚，有礼性的家庭，就会召集亲人聚会，欢度端午。大家聚在一起，喝的酒就是水酒，是提前准备和蒸酿的，也就是指梅雨季节这段时间酿造的水酒叫端午酒。

　　秋高气爽，天气慢慢凉下来之后，晚秋的季节是最好的。这段时间，农事开始少了。女人有时间来酿酒。也是一年中酿水酒最好的时候。每当家中有老人，必然会在重阳节蒸酿水酒，当原酒出来，气味慢慢地变冷，家里的老人就可以喝水酒来暖身体。

　　初冬的十月，还没有下霜。山民就要赶着蒸酿过年酒。这也是大批量的酿酒，每当这个时候，就有人挑着陶坛，穿街走巷，寻找蒸酿酒的人家，有的人家一买就是十个二十个陶坛。在我熟悉的人家，蒸酿过年酒，少的八坛十坛，多的四十八坛，摆满一间房子。

　　梅山的过年时间比较长，进入腊月，就开始过年，到次年元宵之后，最长可以拜到二月清早花，还是个拜年客。

　　一般家庭，腊月初，就要准备过年的豆腐、菜蔬，也开始宰猪杀羊。杀了过年猪，一家的过年日子就正式开始。梅山天气寒冷，腊月多雨雪，在吃好的前提下，还需要酒作为点缀。早上出门，喝碗滚热的水酒，全身血液沸腾起来，也不再感觉到天气寒冷。

梅山的人家，为了喝好水酒，对温酒有些讲究。温酒一般用炭火，没有炭火，就着柴火的火星煨酒。在这些年，砂罐已经慢慢退役，搪瓷杯代替它的作用。但是，喝酒的人家，家里永远有一个砂罐子，虽然不大，却可以装三碗酒左右，方便三四人对饮。砂罐子温热的酒，不影响酒的味道，喝起来更加清爽。过年的日子，火塘里的煨酒砂罐一直不曾离去。

　　喝酒的老人家，对下酒菜比较讲究，普通的四样下酒菜是腊牛肉、腊精肉、腊鱼、熟腊猪肝。当家人想喝点酒，就会说今天搞点好菜。家里的主厨就知道当家人想喝酒，随便选一样下酒菜，薄薄地切片，每片切成蚕豆大小，炒熟后多加些辣椒粉。腊猪肝、腊鱼虽然每块都比较大，却也吃得怜惜，小小地咬一口，又停一阵。当家人喝着滚烫的水酒，品尝着美味的菜肴，享受山民的快乐生活。

　　喝水酒最好的时节是春节。初一的早饭，所有人都要喝点酒。家中能喝酒的，就慢慢喝，先吃完饭的小辈把冷了的菜加热，再端上桌子，其他家人吃到中午。来了亲戚，接着喝，又不知不觉地喝到晚上。还有人喝酒喜欢吃肥肉，大碗喝酒大块吃肉。

　　我曾听到一个笑话，一家三父子，初一从早上一起喝酒，吃到下午两点才散，喝完一坛水酒，大概五十斤；吃完一个肘子，大概十斤。在我老家，这不是笑话，而是真人真事，有夫妻俩喝完一坛酒的。

　　新化的水酒，是当地人的爱物，更是好饮之人的圣物。

鸣谢

本书所有图片的拍摄过程紧锣密鼓，井然有序。

鸣谢新化县旅游局及自媒体新化旅游负责人曾文贵。

鸣谢海天大酒店负责人袁俊林、王厨师长和全体厨师。

鸣谢新化电视台美食栏目主编、自媒体平台新化都市负责人付文斌、刘俊欢，主持人刘薇及摄影师、编辑。

鸣谢红网新化站、新化在线网站、自媒体新化在线主笔黎明明。

鸣谢新化县水利局办公室主任、自媒体梅山风负责人鄢吉。